清 华 电 脑 学 堂

U0252724

计算机组装与维护 标准教程

全彩微课版　　徐绕山◎编著

清華大学出版社
北 京

内 容 简 介

本书用浅显易懂的语言详细介绍计算机的硬件组成、系统安装、故障检测与维修、网络组建、系统管理与优化等知识。

全书共14章，内容依次为计算机总括、计算机内部组件介绍、计算机外部组件介绍、操作系统安装和备份、计算机软件故障和排除、计算机硬件故障检测和维修、计算机系统管理与优化等。书中除了详细介绍相关知识的概念及实操外，还穿插了"知识点拨""注意事项""动手练"等板块，对难点和重点做更详细的补充说明。书中所介绍的产品和技术紧跟前沿科技，紧贴实际需要。此外每章最后还安排了"知识延伸"板块，让读者开阔视野，达到举一反三的目的。

本书结构严谨，详略得当，全程图解，重在实操，即学即用。不仅可作为计算机入门读者、计算机爱好者、运维人员的参考工具书，还可作为各大中专院校及计算机培训机构的教学用书。

图书在版编目（CIP）数据

计算机组装与维护标准教程：全彩微课版 / 徐绕山编著. —北京：清华大学出版社，2021.7(2024.8重印)

（清华电脑学堂）

ISBN 978-7-302-58242-7

Ⅰ. ①计…　Ⅱ. ①徐…　Ⅲ. ①电子计算机—组装—教材　②电子计算机—维修—教材

Ⅳ. ①TP30

中国版本图书馆CIP数据核字（2021）第093782号

责任编辑：袁金敏
封面设计：杨玉兰
责任校对：徐俊伟
责任印制：曹婉颖

出版发行：清华大学出版社

网　　　址：https://www.tup.com.cn，https://www.wqxuetang.com

地　　　址：北京清华大学学研大厦A座　　　邮　　编：100084

社 总 机：010-83470000　　　　　　　　邮　　购：010-62786544

投稿与读者服务：010-62776969，c-service@tup.tsinghua.edu.cn

质 量 反 馈：010-62772015，zhiliang@tup.tsinghua.edu.cn

印 装 者：天津鑫丰华印务有限公司

经　　销：全国新华书店

开　　本：170mm×240mm　　　印　　张：15　　　字　　数：331千字

版　　次：2021年7月第1版　　　　　　　印　　次：2024年8月第7次印刷

定　　价：59.80元

产品编号：088934-02

前 言

本书以理论与实际相结合的形式，全面介绍当下最流行和热门的硬件、操作系统、维护手段、管理优化、网络组建等知识。读者通过学习，能够迅速涉足DIY领域，打造个性化的计算机并解决日常遇到的计算机故障，组建共享网络，通过管理与优化，让计算机始终处在良好的运行状态，发挥计算机的最大性能，为以后的发展打下基础。

本书特色

● **全面实用**。本书从多种角度对硬件进行介绍，所有的硬件都可以在网上查询购买。对知识点介绍不仅全面，而且与实际紧密结合。

● **与时俱进**。文中的案例、软件、硬件都为最新发布或近期更新的，学习后可以在较长时间内保持业内领先水平。

● **重在交流**。本书每章穿插"知识点拨"和"注意事项"两种小提示，让读者更好地理解各类疑难知识点。

内容概述

全书共14章，各章内容安排如下。

章	内 容 导 读
第1章	介绍计算机的历史，计算机的应用领域，计算机的分类，计算机的内部组件、外部组件、软件系统，计算机的工作原理，计算机的选购等
第2章	介绍装机前的准备工作，计算机主机的安装流程，计算机外部设备的连接等
第3章	介绍计算机的CPU，包括制作过程，Intel与AMD CPU的分类及产品，CPU的频率、缓存、TDP、接口、超线程技术，CPU的选购，CPU标签的解读，CPU的挑选及防伪，查看CPU信息的方法等
第4章	介绍计算机主板的分类，芯片组，主要功能芯片及作用，供电系统，主要接口，选购技巧，板型等
第5章	介绍内存的组成，内存的历史，内存的工作原理，内存的频率、代数、匹配原则、容量、双通道、标签含义、挑选，信息查看等
第6章	介绍硬盘的结构和工作原理，固态硬盘的优缺点，机械硬盘的容量、转速、传输速率、缓存、尺寸和接口，固态硬盘的主控、闪存颗粒、固件算法、尺寸接口，硬盘信息的查看、检测，闪存颗粒的分类等

（续表）

章	内 容 导 读
第7章	介绍计算机显卡的结构，工作原理，显卡制造工艺、核心频率、显存位宽、显存容量、显存频率、显存类型、流处理器、接口，液晶显示器的组成、分辨率、刷新率、点距、接口、亮度、对比度，显卡参数查看等
第8章	介绍计算机电源的输出接口，标签含义，电源的额定功率、峰值功率、功率转换因数、静音、全模组电源、功率计算，机箱的分类、材质、布局、风道，计算机实时性能检测等
第9章	介绍计算机的声卡类型、声卡的接口、信噪比、频率响应、总谐波失真、复音数量、采样位数、采样频率、多声道输出、音箱的参数、耳麦的挑选、音频参数设置、煲机等
第10章	介绍计算机的其他外部设备，包括鼠标的原理、分类、参数，键盘的分类、工作原理、参数，扫描仪的参数，打印机的分类和参数，麦克风的分类和常见参数等
第11章	介绍系统镜像、PE系统、启动U盘及制作，BIOS的设置，Windows 10的安装过程，操作系统的备份和还原、重置，使用DiskGenius分区等
第12章	介绍计算机软件故障的检测及排除，包括程序报错、磁盘报错、修复系统文件，使用"高级选项"进行系统修复、卸载更新、使用安全模式，Windows蓝屏故障的原因、解决方案，使用第三方软件进行系统修复等
第13章	介绍计算机硬件故障的检测和维修，包括CPU、主板、内存、硬盘、显卡、电源、显示器等常见故障的现象、原因、处理方法、检测流程等
第14章	介绍计算机硬件的使用环境和维护技巧，计算机驱动的管理，硬盘的优化，防毒杀毒，系统管理，禁止程序启动，系统垃圾清理，存储感知设置，默认应用设置，禁用自启动软件，设置权限和隐私，修改默认文件夹等

附赠资源

● **案例素材及源文件**。附赠本书教学课件，可扫描图书封底二维码下载。

● **扫码观看教学视频**。本书涉及的疑难操作均配有高清视频讲解，读者可扫描相应部分的二维码边看边学。

● **作者在线答疑**。为帮助读者快速掌握书中技能，本书配有专门的答疑QQ群（群号在本书资源下载资料包中），随时为读者答疑解惑。

本书由徐绕山编著，在编写过程中笔者力求严谨细致，但由于时间与精力有限，疏漏之处在所难免，望广大读者批评指正。

编　者

目 录

全面认识计算机

计算机组装轻松学

计算机的大脑——CPU

计算机的身体——主板

计算机的中转站——内存

计算机的仓库——硬盘

第7章 计算机的俏脸——显卡和显示器

第8章 计算机的心脏和骨骼——电源和机箱

第9章 计算机的嘴巴——声卡和音箱

计算机的外交官——其他常见外设

操作系统的安装和备份

计算机软件故障检测及排除

第13章

计算机硬件故障检测及维修

计算机系统的管理与优化

第1章

全面认识计算机

　　计算机是一种用于高速计算的电子计算机器，通常所看到的计算机主要由内外部组件组合而成，再与软件系统相配合，便组成了一个完整的计算机体系。本章首先从基础层向读者介绍计算机的相关历史、分类、组成、工作原理及选购指南，为后面的学习奠定基础。

1.1   计算机概述

计算机是一种可以按照设计程序运行、自动且高速处理海量数据的现代化智能电子设备。首先有必要了解一些计算机的相关知识，才能更好地理解计算机。计算机的出现也是历史的必然，下面首先介绍计算机的发展历史。

1.1.1   计算机的出现和发展

计算机的出现源于第二次世界大战。第二次世界大战的爆发带来了强大的计算需求，为了帮助军方计算弹道轨迹，宾夕法尼亚大学电子工程系教授约翰·莫克利（John Mauchley）和他的研究生埃克特（John Presper Eckert）计划采用真空电子管建造一台通用的电子计算机。1943年，这个计划被军方采纳，约翰·莫克利和埃克特开始研制ENIAC（Electronic Numerical Integrator And Computer，电子数字积分计算机），并于1946年2月14日研制成功。ENIAC被广泛认为是第一台实际意义上的电子计算机，如图1-1及图1-2所示，通过不同部分之间的重新接线编程，还拥有并行计算能力，但功能受限制，速度慢，体积和耗电量都非常大。

图 1-1

图 1-2

知识点拨

第一台电子计算机的参数

ENIAC长30.48m，宽6m，高2.4m，占地面积约170m^2，30个操作台，重达30英吨，耗电150kw，造价48万美元。包含17468根真空电子管，7200根晶体二极管，1500个中转，70000个电阻器，10000个电容器，1500个继电器，6000多个开关。每秒能进行5000次加法运算或400次乘法运算。原来需要20多分钟才能计算出来的一条弹道，现在只要30s。

电子管平均每隔7min要损坏一只。虽然只花了40万美元的研制费用，可维护费用后来竟超过200万美元之巨。最致命的缺点是程序与计算分离，指挥2万只电子管工作的程序指令，被存放在机器的外部电路里。需要计算某个题目前，必须通过几十人把数百条线路接通，像电话接线员一样忙碌几天，才能进行几分钟运算。

不久之后，两人又研制了新型EDVAC（Electronic Discrete Variable Automatic Computer），即离散变量自动电子计算机。

同时，冯·诺依曼开始研制自己的EDVAC计算机，且成为当时计算速度最快的计算机。其设计思想一直沿用至今，具体内容包括：

● **二进制**：根据电子元件双稳工作的特点，建议在电子计算机中采用二进制。二进制的采用大大简化了机器的逻辑线路。

● **程序和数据的存储引出了存储程序的概念**。计算机执行程序是完全自动化的，不需要人为干扰，能连续自动地执行给定的程序并得到理想的结果。

EDVAC方案明确定义了新型计算机由五部分组成，包括运算器、逻辑控制装置、存储器、输入和输出设备，同时描述了这五部分的职能和相互关系。冯·诺伊曼对EDVAC中的两大设计思想作了进一步论证，为计算机的设计树立了一座里程碑。因此，冯·诺依曼被誉为"现代电子计算机之父"。

计算机发展至今，主要分为4代：

1. 第1代：电子管数字机（1946—1958年）

第一代计算机逻辑元件采用的是真空电子管，如图1-3所示，主存储器采用汞延迟线及阴极射线示波管静电存储器、磁鼓、磁芯；外存储器采用穿孔卡片和纸带。软件方面采用的是机器语言、汇编语言，整个过程异常复杂。应用领域以军事和科学计算为主。特点是体积大、功耗高、可靠性差、速度慢（每秒处理几千条指令）、价格昂贵，但为以后的计算机发展奠定了基础。

2. 第2代：晶体管数字机（1958—1964年）

第二代计算机逻辑元件采用晶体管，如图1-4所示，计算机系统初步成型。相对于电子管，晶体管体积更小，寿命更长，效率也更高。使用磁芯存储器作为内存，主要辅助存储器为磁鼓和磁带。开始使用高级计算机语言和编译程序，应用领域以科学计算、数据处理、事务管理为主，开始进入工业控制领域。特点是体积缩小、能耗降低、可靠性提高、运算速度提高（一般为每秒数可以处理几万至几十万条指令）、性能比第一代计算机有很大提高。

图 1-3

图 1-4

3. 第 3 代：集成电路数字机（1964—1970 年）

第三代计算机如图1-5所示，逻辑元件采用中、小规模集成电路（MSI、SSI），内存采用半导体存储器，外存采用磁盘、磁带，如图1-6所示。软件方面出现了分时操作系统及结构化、规模化程序设计方法，可以实时处理多道程序。特点是速度更快（每秒几十万至几百万条指令），而且可靠性有了显著提高，价格进一步下降，产品走向了通用化、系列化和标准化。应用领域为自动控制、企业管理，开始进入文字处理和图形图像处理领域。第三代计算机形成了一定规模的软件子系统，操作系统也日益完善。

图 1-5

图 1-6

知识点拨

IBM与计算机发展

计算机的历史就是IBM公司的发展历史。IBM公司于1952年正式对外发布自己的第一台电子计算机IBM701，它是IBM第一台商用科学计算机，也是第一款批量制造的大型计算机。1958年IBM公司制成了第一台全部使用晶体管的计算机RCA501型。后来的IBM360的研制成功，标志着大量使用集成电路的第三代计算机正式登上历史舞台，此计算机的研制费用为50亿美元，是美国研制第一颗原子弹"曼哈顿工程"的2.5倍。

4. 第 4 代：大规模集成电路机（1970 年至今）

硬件方面，逻辑元件采用大规模和超大规模集成电路（LSI和VLSI），如图1-7所示。内存使用半导体存储器，外存使用磁盘、磁带、光盘等大容量存储器。操作系统也不断成熟，软件方面出现了数据库管理系统、网络管理系统和面向对象的高级语言等。处理能力大幅提升（每秒处理上千万至万亿条指令）。

1971年，世界上第一台微处理器在美国硅谷诞生，开创了微型计算机的新时代。应用领域从科学计算、事务管理、过程控制逐步走向家庭，在办公自动化、数据库管理、文字编辑排版、图像识别、语音识别中发挥更大的作用。

随着网络的发展和计算机的更新换代，计算机从传统的单机发展成依托于网络的终端模式。多核心、多任务，更高的稳定性、处理能力，更专业的显示、存储技术出现，使计算机的应用领域达到了前所未有的程度。

图 1-7

▌1.1.2 计算机的应用领域

现在各行各业都会用到计算机，计算机的计算能力、信息处理能力、控制能力及模拟辅助能力决定了其在行业应用中将会扮演越来越重要的角色。计算机的主要应用有以下几方面。

1. 科学计算

计算机各种功能的实现都以计算作为基础，虽然科学计算只占计算机实际应用的一小部分，但是一些纯计算领域，特别是大型的工程力学、人造卫星轨道计算、基因序列分析、大规模的天气条件运算等都需要大量的科学运算，而且必须依赖计算机，特别是巨型计算机。与人工计算相比，计算机运算速度快、精度高、连续计算能力强。例如现在的天气预报系统都使用超级计算机构建地球大气层模型，通过模拟各种因素的影响来提高天气预报的精度，如图1-8所示。

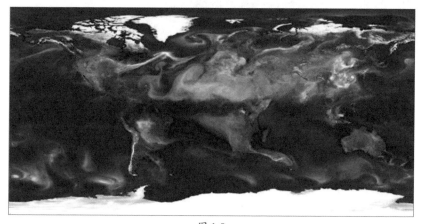

图 1-8

2. 数据处理

计算机除了具有运算能力外，数据处理也是其主要的应用。数据处理是对数据的收集、存储、整理、分类、统计、加工、利用、传播等的统称。实际应用中利用计算机的数据处理功能，可以管理报表、查询数据库（如图1-9所示）、管理日常事务、企业管理、提供决策支持等。

图 1-9

3. 计算机辅助技术

例如计算机辅助设计（CAD）、计算机辅助制造（CAM）（如图1-10所示）、计算机辅助测试（CAT）、计算机辅助教学（CAI）等。另外计算机模拟与仿真、集成电路设计、测试、核爆炸、地质灾害模拟等是人工无法实现的，只有通过计算机进行模拟实现并提取需要的数据。

图 1-10

4. 人工智能

人工智能也称为"智能模拟"，主要目标是让计算机模拟出人类的感知、判断、理解、学习、问题求解和图像识别能力，延伸和扩展智能理论、方法、技术及应用系统。通过计算机模拟，可以进行语言识别、图形识别、医疗诊断（如图1-11所示）、故障诊断、智能分拣、案件侦破和经营管理等方面的工作。

5. 过程控制

在工业环境中，计算机可以进行过程控制，如图1-12所示。代替人工在各种危险复杂的环境中，按照预设程序，不间断、无错误、高精度、高速度地完成各种复杂作业。

图 1-11

图 1-12

6. 网络应用

如今，随着计算机网络不断发展和壮大，金融、贸易、通信、娱乐、教育等领域的众多功能都可以通过计算机网络来实现。实际应用包括下载、上传、分享、网上购物、订票、缴费、转账、游戏、点餐等，如图1-13所示。不仅标志着计算机网络在实际应用中得到了拓展，还为人们的生活、工作和学习带来极大的便利。

7. 多媒体应用

计算机通过多媒体（文本、图形、图像、音频、视频、动画）与人工进行交互，将信息与数据通过多媒体文件进行存储与管理，结合虚拟现实技术、虚拟制造技术，打造新一代的多媒体应用。

8. 嵌入式系统

一种专门的计算机系统，在穿戴设备、家电、汽车等很多应用领域都使用了嵌入式系统，如图1-14所示。大多数嵌入式系统都是由单个程序实现整个系统的控制。

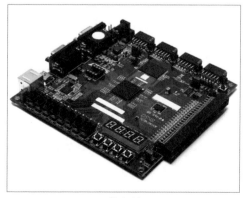

图 1-13

图 1-14

1.1.3 计算机的分类

计算机是一个统称，根据不同的标准可以分为不同的种类。比较流行的分类方法是按照计算机的运算速度、处理字长、存储容量、软件配置等综合性能指标，将计算机分为巨型机、大型通用机、微型机、个人计算机、工作站、服务器等。

1. 巨型机

巨型机又称为超级计算机，特点是占用空间大，具有非常强的处理能力。广泛应用于天气预报、石油和地震勘测、力学等领域。巨型机的研制水平、生产能力及应用程度已经成为衡量一个国家经济实力和科技水平的重要标志。我国的超级计算机"神威·太湖之光"如图1-15所示。

图 1-15

2. 大型通用机

具有很强的综合处理能力，应用覆盖面广，属于"企业级"计算机。

3. 微型机

体积小、结构简单、可靠性高、对环境要求低、易于操作及维护，应用领域比较广泛，如工业自动控制、大型分析仪器、测量仪器、医疗设备的数据采集、分析等。

4. 个人计算机

个人计算机包括台式机、一体机、笔记本电脑、平板计算机等，如图1-16所示，出现于20世纪70年代，因其受众广、功能全、软件丰富、价格适中等特点，一直活跃在计算机舞台上，本书主要介绍个人计算机的相关知识。

5. 工作站

介于个人计算机和微型机之间的一种高档微型计算机，运算速度快，主要应用于图像处理中心、计算机辅助设计中心等。

6. 服务器

服务器是依托于网络、对外提供服务的一种特殊的、高配置的微型计算机，如

图1-17所示。服务器有高速运算的、长时间稳定工作、强大的数据吞吐和处理的特点。服务器架构同微型机基本一样，但硬件是特制的，具有较强的安全性及可扩展性。

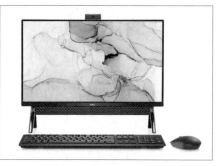

图 1-16

图 1-17

计算机的发展趋势

随着科技进步，计算机的发展已经进入了快速、多元化、多功能、资源网络化的崭新时代，未来的计算机将向着以下几方面发展：

（1）巨型化：计算速度更快、存储容量更大、功能更完善、可靠性更高。

（2）微型化：价格低廉、更加轻薄便携、功耗低、待机时间长、软件丰富。

（3）网络化：未来的计算机将以网络为中心，逐渐向网络终端方向发展。

（4）智能化：人工智能技术使计算机可以模仿人类的思维和感觉，未来的计算机将可以接受自然语言指令，可以与人交互并自我思考，完成复杂的工作。

1.2　计算机的组成

计算机由硬件和软件组成，硬件又分为内部组件和外部组件。下面详细介绍计算机的组成。

1.2.1　计算机的内部组件

计算机的内部组件和外部组件以机箱为分界线，机箱内部的为内部组件；机箱外部的为外部组件，首先介绍计算机的内部组件。

1. CPU

CPU（Central Processing Unit）也叫作中央处理器，如图1-18所示，是计算机的运算和控制核心。由运算器、控制器、寄存器、高速缓存及连接各部分的总线构成。CPU负责计算机所有的运算，控

图 1-18

制和协调计算机内部其他设备工作，就是计算机的"大脑"。

2. 主板

主板属于计算机的身体及中枢神经，是各个组件工作的平台，一般是一块大规模集成电路板，如图1-19所示，主要功能是接驳计算机的内部硬件及外部设备并在其间提供高速的数据通道，所以主板的稳定性关系到整个硬件系统的稳定性。

图 1-19

3. 内存

内存又称为内部存储器或随机存储器，是计算机主要的内部存储设备，如图1-20所示，用来存放CPU经常用到的各种数据、程序等资源并为CPU提供高速的数据交换。具有体积小、速度快、无电数据清空的特点。

4. 硬盘

硬盘是计算机主要的外部数据存储设备，具有存储容量大，无论是否有电数据都不会丢失的特点。常见的硬盘大小有3.5英寸和2.5英寸两种，目前处于机械硬盘到固态硬盘的过渡时期。常见的硬盘如图1-21所示。

图 1-20

图 1-21

知识点拨

M.2固态硬盘

除了图1-21所示的SATA接口及mSATA接口的固态硬盘外，还有一种接口是M.2的固态硬盘，如图1-22所示，这是一种可以连接PCI-E通道的高速设备，配合NVme协议，速度可以达到3000MB/s以上。

图 1-22

5. 显卡

显卡主要为计算机提供显示数据输出，如图1-23所示。在计算机的硬件中和CPU一并属于价格较高的。显卡分为CPU自带的核显及常见的PCI-E独立显卡。想要享受游戏作品，建议选择中高档的独立显卡。独立显卡也是耗电大户，现在比较主流的显卡都需要外接电源才能正常工作。

6. 电源

电源是为计算机各组件供电的设备。因为计算机的内部组件无法直接使用220V交流电，只有通过电源的转化，变成不同电压的直流电，才能为各个设备供电，所以电源的好坏直接关系到计算机的稳定性，尤其是安装中高档显卡后，必须要配备一块额定功率比较高的计算机电源。常见的计算机电源如图1-24所示。

图 1-23

图 1-24

电源额定功率与峰值功率

在购买电源时，常听到额定功率和峰值功率。额定功率指电源在计算机内部组件正常工作时，所能提供的稳定的功率的最大值。峰值功率指电源最大的瞬间输出功率。电源不可能长时间工作在峰值功率，否则可能造成整个硬件系统的不稳定，甚至烧毁硬件，所以，用户在挑选电源时可以忽略峰值功率。关于电源的相关知识，将在第8章重点讲解。

7. CPU 散热器

CPU在工作时会产生大量的热，越是高端的CPU，发热量越大，必须及时将热量散发出去，否则会造成CPU的温度过高，轻则死机、重启，重则会烧毁CPU或其他元器件，所以配备一款高性能的散热器是十分必要的。CPU的散热器，常见的风冷及水冷，例如360水冷散热，如图1-25所示。

8. 机箱

机箱的作用是负责安放各组件，如图1-26所示，隔离辐射，建立散热风道等。

图 1-25   图 1-26

▌1.2.2 计算机的外部组件

计算机只有内部组件是无法使用的，还需要外部组件的支持，也就是冯•诺依曼提到的输入、输出设备。

1. 显示器

显卡将视频数据传输给显示器，显示器接收信号并处理后，将画面展示给用户，这就是显示器的作用。常见的液晶显示器如图1-27所示。

2. 键盘鼠标

键鼠是计算机的主要输入设备，主要功能是给计算机发出指令，控制计算机工作。键盘正在从传统的薄膜键盘向更高级的机械键盘发展。鼠标分为有线及无线鼠标，还有二合一及人体工程学键鼠。一般键盘鼠标是成套销售的，如图1-28所示，高端用户可以选择更专业的电竞套装或者单品。

图 1-27   图 1-28

3. 音箱耳麦

音箱和耳麦是计算机的主要输出设备，原理是根据声源数字信号的变化，还原成电流的变化，音箱和耳麦通过电流切割磁感线圈，带动喇叭的振膜震动发出声音。在早期装机时，音箱是标配，后来逐渐被带有震动的多声道沉浸式耳机所代替。耳麦还可以为计算机输入音频信号，在工作和游戏中有更广泛的应用。常见的音箱如图1-29所示，耳麦如图1-30所示。

图 1-29　　　　　　　　　　　　　　　　　　图 1-30

4. 打印机

打印机是计算机的主要输出设备之一，主要负责将文档、照片输出到打印纸上，现在的一体式打印机还提供扫描、传真、无线打印等功能。打印机按照工作原理，分为针式打印机、喷墨打印机、激光打印机。常见的一体式打印机如图1-31所示。

5. 摄像头

摄像头是计算机视频聊天必备的工具，负责视频信号的输入。常见的摄像头如图1-32所示。

图 1-31　　　　　　　　　　　　　　　　　　图 1-32

6. 其他外部设备

常见的外部设备还包括扫描仪（如图1-33所示，用于将纸质介质的文件等扫描到计算机中作为图片使用）、移动硬盘、U盘、移动光驱、USB无线网卡、手绘板（如图1-34所示），还有一些通过无线进行连接的智能设备，如安防监控摄像头、智能家居产品等。

图 1-33

图 1-34

1.2.3 计算机的软件系统

计算机只有硬件是无法工作的，必须有相应的软件支撑。计算机的软件主要分为系统软件和应用软件两类。系统软件由一组控制计算机系统并管理资源的开发程序组合而成，主要用于启动计算机、排序文件、检索文件及存储、加载和执行应用程序等。系统软件是连接用户和计算机的桥梁，一般包括操作系统、语言处理系统、服务程序和数据库管理系统等。

1. 操作系统

最常见的系统软件是操作系统，例如经常使用的Windows 10、Windows 7、Linux等，Windows 10操作系统桌面如图1-35所示。此外还有苹果计算机的专用系统Mac OS。除了桌面级操作系统外，还有专门用于服务器的系统，例如常见的Windows Server 2019服务器系统等。

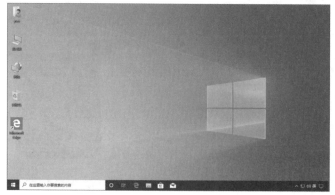

图 1-35

2. 语言处理系统

语言处理系统是人和计算机交流的重要桥梁，统称为计算机语言或程序设计语言。分为机器语言、汇编语言和高级语言。此外，计算机中的高级语言程序还需要配备语言翻译程序，语言翻译程序也属于一组程序，一般包括"解释"和"编译"两种翻译方法。

对源程序进行"解释"和"编译"任务的程序，称为编译程序和解释程序，例如Fortran、Cobol、Pascal和C等高级语言，使用时需有相应的编译程序；而Basic、Lisp等高级语言，使用时需用相应的解释程序。

3. 服务程序

服务程序主要提供一些经常使用的服务性功能，以协助用户使用计算机和开发某些程序，例如用户操作计算机时经常使用的诊断程序、调试程序和编辑程序等。

4. 数据库管理系统

数据库是按照数据结构来组织、存储和管理数据的仓库，而数据库管理系统则是一套可以对数据进行加工和管理的系统软件，具有建立、消除、维护数据库及操作数据库数据等功能，主要由数据库、数据库管理系统及新颖的应用程序组合而成。数据库系统不仅可以存放大量的共享数据，而且还可以快速地、自动对数据进行检索、修改、统计、排序及合并等操作，帮助计算机快速获取所需的数据信息。

5. 应用软件

应用软件指日常使用的各种工具软件、办公软件、多媒体处理软件等，例如如图1-36所示的浏览器软件，如图1-37所示的计算机管理软件。

图 1-36

图 1-37

1.3 计算机的工作原理

读者在使用计算机时，有没有想过计算机是如何进行工作的？下面介绍计算机的工作原理和一些专业数据及参数。

1.3.1 计算机工作原理概述

计算机在运行时，先从内存中取出第一条指令，通过控制器的译码，按指令的要求，从存储器中取出数据进行指定的运算和逻辑操作，然后再按地址把结果送到内存中去。接下来取出第二条指令，在控制器的指挥下完成规定操作，依次进行下去，直至遇到停止指令。按程序编排的顺序，一步一步地取出指令，自动完成指令规定的操作是计算机最基本的工作原理，这一原理最初是由冯·诺依曼提出来的，故称为冯·诺依曼原理，冯·诺依曼体系结构计算机的工作原理可以概括为八个字：存储程序、程序控制。

其中，存储程序是将解题的步骤编成程序（通常由若干指令组成），并把程序存放在计算机的存储器中（主存或内存）；程序控制是从计算机主存中读出指令并送到控制器，控制器根据当前指令的功能，执行指令规定的操作，完成指令的功能。重复这一操作，直到程序中指令执行完毕。

冯·诺依曼体系结构计算机的特点如下：

● 使用单一的处理部件完成计算、存储及通信工作。

● 存储单元是定长的线性组织。

● 存储空间的单元是直接寻址的。

● 使用低级机器语言，指令通过操作码来完成简单操作。

● 对计算进行集中的顺序控制。

● 采用二进制形式表示数据和指令。

● 在执行程序和处理数据时必须将程序和数据从外存储器装入主存储器中，然后才能使计算机在工作时自动从存储器中取出指令并加以执行。

● 计算机硬件系统由运算器、控制器、存储器、输入设备、输出设备五大部件组成，下面介绍这五大部件的基本功能。

1. 运算器

运算器的作用是对数据进行各种运算，除了通常的加、减、乘、除等基本运算外，还包括进行逻辑处理的"逻辑判断"，即"是""否""与""或""非"等基本逻辑条件及数据的比较、移位等操作。

2. 控制器

控制器是指挥计算机各部件按照指令的功能要求协调工作的组件，是计算机的神经中枢和指挥中心。由指令寄存器（Instruction Register, IR）、程序计数器（Program Counter, PC）、指令译码器（Instruction Decoder, ID）和操作控制器（Operation Controller, OC）四个部件组成并负责协调整个计算机有序工作。

IR用于保存当前执行或即将执行的指令代码；ID用来解析和识别IR中所存放指令的性质和操作方法；OC根据ID的译码结果，产生该指令执行过程中所需的全部控制信号和时序信号；PC总是保存下一条要执行的指令地址，从而使程序可以自动、持续地运行。

计算机指令的执行过程，包括取指令、分析指令、生成控制信号、执行指令、重复执行几个步骤。

3. 存储器

存储器是存储数据和程序的硬件，一般分为内存和外存。内存用来存储当前执行的数据、程序和结果。外存属于辅助存储设备，负责存储文件、资料等。内存数据会因断电而丢失，属于易失性存储，速度非常快。外存断电不会丢失，速度相对内存慢一些，但容量比内存大很多。

（1）内存。

常见的内存就是内存条，是与CPU进行沟通的桥梁。计算机中所有程序的运行都在内存中。主要作用是调取并暂存CPU运算所需的常用数据，同时与硬盘等外部存储器进行数据交换。内存按照功能分为随机存取存储器RAM及只读存储器ROM。还有一种特殊的内存，就是CPU的高速缓存（Cache），位于CPU中，用来在CPU与内存之间交换数据，容量非常小，但速度非常快，主要用来解决CPU与内存的速度差，一般有L1、L2、L3三级缓存。频率、容量和速度是内存的重要指标。

（2）外存。

外存最常见的是机械硬盘、固态硬盘、U盘、光盘等。

机械硬盘是一块覆盖了磁性材料的盘面，在中心电机的带动下高速旋转，通过读写磁头进行读写。读写时，磁头和盘片的距离非常小，所以非常怕碰撞。一个硬盘可能由多个盘片或者多个磁头组成，一般台式计算机使用的是3.5英寸的机械硬盘，笔记本电脑使用的是2.5英寸的机械硬盘。

固态硬盘从原理上和U盘类似，没有机械部分，通过存储颗粒进行存储，不怕碰撞，速度比机械硬盘快得多。现在固态硬盘在逐渐占领机械硬盘的市场份额。台式计算机使用的固态硬盘分为M.2接口固态硬盘及2.5英寸的SATA接口固态硬盘，笔记本硬盘使用的固态硬盘一般是2.5英寸接口的。

4. 输入输出设备

键盘、鼠标、摄像头、扫描仪、手写笔、手绘板、游戏柄、麦克风等都属于输入设备，可以将模拟信号输入到计算机中，转化成数字信号，控制或者作为数据进行存储或转发。输出设备主要有显示器、打印机、绘图仪、数字电视等。

▌1.3.2 计算机中的信息存储与性能指标

计算机的工作过程包括数据信息的收集、存储、处理和传输，下面从数据信息的角度出发，介绍计算机对数据信息的处理方式。

1. 数据和信息

- **数据：** 输入到计算机并能被计算机识别的数字、文字、符号、声音和图像等。
- **信息：** 对各种事物变化和特征的反映，是经过加工处理并对人类客观行为产生影响的数据表现形式，人们通常通过接收信息了解具体事物。

数据经过处理产生了信息，信息具有针对性、时效性。信息是有意义的，而数据是纯数字，没有实际意义。

2. 计算机的数据表现形式

ENIAC是十进制的计算机，逢十进一。而冯•诺依曼在研制EDVAC时，提出二进制，也就是逢二进一。采用二进制，运算简单、易于在电路中实现、通用性强、便于逻辑判断、可靠性高。

计算机的各种输入设备，通过技术手段将各种模拟信号转换成数字信号，交由计算机处理，再通过数/模转换，将其转换为模拟信号，通过输出设备展示给用户，例如让耳麦发出声音，让显示器显示图像。

3. 计算机中的数据单位

计算机中的数据单位有以下两种：

● **位（bit）**：计算机中数据的最小单位是"位"，一个二进制数为"1位"。例如0或1。

● **字节（Byte）**：存储容量的基本单位，1字节是8位，即1Byte=8bit。通常字节被简写成"B"。计算机中的存储换算关系为：1KB=1024B（2^{10}B），1MB=1024KB（2^{20}B），1GB=1024MB（2^{30}B），1TB=1024GB（2^{40}B）。

知识点拨

字长

计算机在同一时间所能处理的一个二进制数统称为一个计算机"字"，字的位数便称为"字长"。在其他指标相同的情况下，字长越大，则计算机处理数据的速度就越快。早期计算机字长一般为8位、16位和32位，目前大多数计算机处理的字长都是64位，支持64位数据处理的操作系统就是常说的64位操作系统，如图1-38所示。

图 1-38

4. 字符的编码

在计算机中，通过不同的编码来表示不同的信息，如英文字母使用的是ASCII码，而汉字采用的是双字节的汉字内码，这两种编码又有被统一的Unicode码取代的趋势。所以计算机中的二进制编码是一个不断发展的、跨学科的综合型知识领域。

知识延伸：计算机的选购指南

计算机的选购有一定的技巧，在实际应用中，主要遵循以下几个原则。

1. 制订方案的原则

（1）买计算机做什么。

不同的作用也决定了不同的计算机类型。

● 老年人、办公室文员、家用上网等，可以选择中低配置的台式计算机。

● 商务人士需要选择能长时间稳定运行、便于携带、续航能力强的笔记本电脑。

● 设计人员可以选择专业级设计型计算机、工作站，通常配有高性能CPU、专业级图形设计显卡、高速大容量内存和硬盘。

● 游戏人士可以选择中高配置计算机，配有强劲的CPU并带有专业级显卡。

● 专业DIY用户可以选择发烧级配置，可超频的CPU和超频体质较好的内存，良好的散热性能和额定功率较高的金牌电源。

（2）资金状况。

在资金不是特别充裕的情况下，可以有倾向地选择性价比相对较高的计算机，或者根据使用情况，将购机款向某些主要设备倾斜。

（3）个人硬件水平。

主要取决于个人对计算机硬件的了解程度，可以在品牌机和组装机之间进行综合考虑。

2. 品牌机的选购

（1）确定品牌。

品牌计算机首先要选择的就是品牌，尽量选择知名的厂商。

小厂的技术实力往往不如大厂，但在配置、价格上有特别大的优势。不过用户一定要将维修、退换货途径等售后因素考虑进来，最终确定购买的产品。

（2）看配置与价格。

在配置相同的情况下，在各个厂商间比较价格，或者在价格相同的情况下，选择更好的配置。现在除了在销售商的品牌店可以购买产品外，在各大厂商的官网同样可以进行产品的购买，有时网上渠道的价格或者促销比销售商或品牌店更有诱惑力。

（3）比较售后。

因为品牌计算机最大的优势在于售后，所以除了比较产品的保修期、收费标准、上门服务标准外，用户还需要了解本地售后的情况，例如位置、服务态度、技术力量等。

3. 买品牌机还是组装机

品牌机是具有一定规模和技术实力的计算机厂商生产并标有注册商标，拥有独立品牌的机器。品牌机优点在于外观时尚、兼容性强、经过严格的测试后出厂、售后服务完备，缺点是价格较高、升级比较麻烦、配置不灵活。品牌机适合对计算机维护不是特别擅长的人群使用。

组装机是由计算机配件商或用户购买零件后组装的计算机。组装机优点在于性价比较高、配置灵活。缺点在于兼容性不如品牌机、售后基本要自己搞定。组装机适合DIY一族、计算机发烧友、对计算机的日常维护有一定经验的人士。

用户应根据自身条件、经济水平，尤其是对计算机维护的熟悉程度等进行综合考虑。一般新手用户因为知识有限，购买品牌机可以省去很多麻烦，例如计算机故障、系统优化等。当用户掌握了一定的计算机知识，或者追求性价比及超频的情况下，建议选购组装机。

注意事项 **品牌机不要私自拆机**

一般来说，品牌机都不允许用户拆机，否则就不能享受免费的保修、维护服务，所以在质保期内不要私自拆解计算机，更换硬件或升级计算机。

4. 购买台式机还是笔记本电脑

（1）性能需求。

同价位的情况下，台式机性能更强大，但也要根据用途来考虑。如果用户是从事广告设计、三维动画或大型3D游戏开发等对计算机性能要求较高的工作，建议选择台式机。其他的普通应用，台式机和笔记本电脑体验差不多，用户也结合其他的因素综合考虑。

（2）价格因素。

在性能和价格差不多的情况下，建议选择笔记本电脑，因为笔记本电脑携带及使用更方便。

（3）移动性要求。

笔记本电脑体积小巧、携带方便、外观时尚，且功耗低，配置也基本满足大多数主流的应用需求，对于移动办公要求较高的朋友或商务人士会更适合。

（4）维护需求和使用舒适度。

台式机配置灵活、升级方便，偶尔可以自己动手维护，屏幕大、存储容量大，适合长时间固定地点使用，而笔记本电脑轻薄、携带方便。

第2章

计算机组装轻松学

在了解了计算机的组件后，就可以购买并组装各种组件了。计算机的组装是个熟能生巧的过程，只要掌握了一定的组装基础知识，就可以试着动手操作。在组装时要胆大心细、用力适度、注意细节，自己组装一台计算机，是非常有成就感的。本章将介绍计算机组装的具体过程及注意事项。经过本章的学习，读者将能轻松完成一台计算机的组装过程。

2.1 装机准备工作

组装计算机是一项细致而严谨的工作，不仅要充分了解组装的过程，还要在组装前做好充分的准备工作，装机前的准备工作包括以下几项。

2.1.1 工具准备

安装计算机需要一些常用的工具，主要包括以下几种。

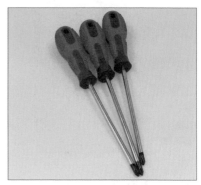

1. 螺丝刀

十字口的螺丝刀，主要是拆装螺丝使用，如图2-1所示。建议读者准备几把不同长度的螺丝刀，以适应不同的安装位置。

图 2-1

注意事项 磁性螺丝刀

准备的螺丝刀最好带有磁性，以便更好地吸附螺丝。如果是普通的螺丝刀，可以配合加磁器给螺丝刀上磁，如图2-2所示，加磁器也可以消磁，非常方便。

图 2-2

2. 尖嘴钳

尖嘴钳如图2-3所示，主要作用是拆装机箱挡板，如图2-4所示机箱的独立显卡接口挡板。现在很多机箱的挡板都是通过螺丝固定的。

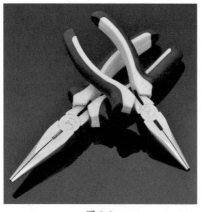

图 2-3

图 2-4

3. 镊子

镊子如图2-5所示，方便小零件的夹取及一些跳线帽的拆装。在机箱的狭小空间中，处理主板跳线、捡拾零件镊子更好用。

4. 小手电筒

小手电筒方便机箱内的照明，尤其是维修机器、更换零件、接线等情况时，机箱内的照明是非常必要的，小巧的手电筒（如图2-6所示）比用手机照明要方便得多。

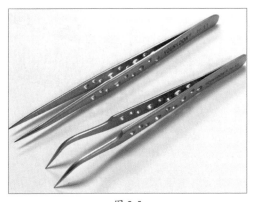

图 2-5

图 2-6

跳线帽

在主板上有一些由两根或三根金属针组成的针式开关结构，这些针式开关结构称为跳线，而跳线帽则是安装在这些跳线上的帽形连接器，如图2-7所示。

图 2-7

5. 导热硅脂

导热硅脂主要用来填充CPU和散热器中间的空隙，帮助CPU更好散热。在CPU散热器上一般会自带，或者由卖家提供。建议用户购买一些，在清理机箱灰尘时，可对导热硅脂进行更换，如图2-8所示。

图 2-8

6. 收纳盒

收纳盒如图2-9所示，主要作用是分类放置小零件，防止丢失。

7. 防静电手套或指套

静电是计算机的一大杀手，对电子器件的损害极大。准备一双防静电手套或指套，如图2-10所示。

图 2-9

图 2-10

8. 其他

可以准备一块防静电海绵，用于放置主板，以避免静电，如图2-11所示。还要准备一个接线板，为计算机提供外接电源，如图2-12所示。

图 2-11

图 2-12

2.1.2 螺丝准备

计算机在安装时需要几种常见的螺丝，虽然现在很多机箱都提供无螺丝的卡扣固定，但不排除遇到需要螺丝固定的情况，所以安装前需要了解计算机中常用的几种螺丝。

1. 铜柱螺丝

铜柱螺丝主要是安装主板使用，将铜柱螺丝安装到机箱上，然后再将主板固定到铜柱螺丝上。常见的铜柱螺丝如图2-13所示。

2. 大粗纹螺丝

大粗纹螺丝主要用在机箱上，用于固定机箱两侧的面板及显卡，大粗纹螺丝如图2-14所示。

图 2-13

图 2-14

3. 细纹螺丝

细纹螺丝用于固定主板、光驱使用，如图2-15所示。

图 2-15

4. 小粗纹螺丝

小粗纹螺丝用于固定硬盘使用，如图2-16所示。

图 2-16

2.1.3　释放静电

在安装计算机前，需要通过一定的方式将身体中的静电释放出去，可通过接触大块的接地金属物，如自来水管来释放，也可以通过洗手释放。

2.1.4　确认匹配问题

在拆设备包装前，需要确认零件的匹配问题，拆开包装后，可能面临如无质量问题不予退货等情况。

1. CPU 与主板芯片组的匹配

确认CPU和主板是否互相支持，针脚是否相同，以免产生触点或针脚数与主板不匹配的问题，例如Intel的CPU配置了AMD的主板。

2. 主板与内存条的匹配

确认CPU和主板支持的代数及内存的频率，避免代数不匹配或频率不匹配的问题。

3. 固态硬盘与主板的匹配

这里说的匹配是指M.2接口的固态硬盘，需要查看主板的参数，确定M.2接口的固态硬盘尺寸、总线类型、长度等问题。

4. 显卡与显示器的匹配

确认显卡的输出接口是不可以与显示器的输入相匹配。

5. 机箱电源与其他部件的匹配

确认电源的输出接口是否满足所有设备的用电要求，接口是否都有，功率是否够用并有一定富余量。

6. 其他需要考虑的问题

散热器是否与CPU以及机箱匹配，显卡是否可以安装到机箱中，是否可以背板走线等。

2.2　主机安装流程

主机安装的主要流程如图2-17所示，了解流程后就可以开始进行主机的组装。

首先进行CPU的安装。取出计算机主板，将主板放置在桌面上，如果有防静电海绵，将主板放置在该海绵上，再进行CPU的安装。

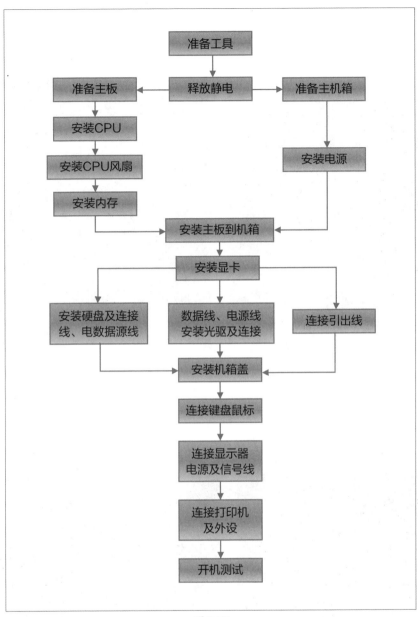

图 2-17

2.2.1 安装CPU

由于Intel CPU和AMD CPU略有不同，下面分开讲解。

1. 安装 Intel CPU

Intel CPU的安装方法如下。

Step 01 将主板放置到平整的桌面或防静电海绵上，如图2-18所示。

Step 02 用力下压固定拉杆，然后向外掰出，使拉杆离开固定位置，如图2-19所示。注意CPU部分的固定盖上有CPU的安装方向提示，看清方向，防止在安装CPU时装反。

图 2-18

图 2-19

Step 03 将拉杆向上抬至最高处，如图2-20所示。

Step 04 掀起CPU固定金属框到最高处，如图2-21所示。

图 2-20

图 2-21

Step 05 在CPU上也有方向箭头，将其对准CPU插槽，然后轻轻放置在插槽中，如图2-22所示。

Step 06 盖上固定金属框，如图2-23所示。

图 2-22

图 2-23

Step 07 将固定拉杆向下拉并卡在固定槽中，如图2-24所示。

Step 08 固定完毕后的效果如图2-25所示。

图 2-24

图 2-25

2. 安装 AMD CPU

AMD CPU的安装方法如下。

Step 01 将CPU固定拉杆下压并向外掰一点，然后轻轻抬起，如图2-26所示。

Step 02 注意CPU的安装方向提示，如图2-27所示，将其放入插槽中。

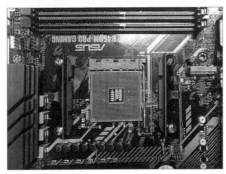

图 2-26

图 2-27

Step 03 将CPU拉杆向下压至卡扣位置并固定，如图2-28所示。

完成AMD CPU的安装，效果如图2-29所示。

图 2-28   图 2-29

2.2.2　安装散热器

CPU安装完成后即可安装散热器。

Step 01 首先安装散热器的固定扣具。将扣具对准主板上的固定口，轻轻将扣具卡入固定口中，如图2-30所示。

Step 02 直到扣具底座完全穿过主板并固定到主板上，完成后，主板背面的效果如图2-31所示。这里一定要注意对准固定口，用力一定要均匀。

图 2-30   图 2-31

Step 03 完成底座安装后，将固定杆插入底座的固定口中，如图2-32所示，按到底，听到"咔"的声响后，说明已经完全固定住了。

Step 04 使用工具将散热硅脂薄薄地、均匀地涂抹在CPU上，完成后的效果如图2-33所示。

图 2-32 图 2-33

Step 05 将风扇对准CPU的中心位置，轻轻放置在上面并固定一侧的卡子，如图2-34所示。

Step 06 将另一侧的卡子往外掰并固定到另一侧的卡扣上，如图2-35所示。

图 2-34 图 2-35

完成固定后，将风扇接口插入主板的CPU_FAN中，如图2-36所示。

图 2-36

注意事项 **4根插针的接法**

一般主板提供4针的接口，如果CPU风扇是3针的，要按照防呆设计连接。

2.2.3 安装内存

Step 01 掰开固定卡扣，将内存条与防呆缺口的位置进行对比，以确定方向，然后将内存条推到插槽底部，如图2-37所示。

图 2-37

Step 02 到插槽底部后，双手按住内存条上部两边，用劲下压，直到听到"咔"的声响，且一边的卡扣恢复正立位置，说明内存条已经安装好，如图2-38所示。

图 2-38

2.2.4 安装电源

Step 01 将电源推入电源仓对应的位置，如图2-39所示。

Step 02 使用螺丝刀安装固定螺丝，如图2-40所示。

图 2-39

图 2-40

将电源线和前面板跳线从机箱背部走线，并从接线处附近孔位伸出到前面。

2.2.5 安装主板

在安装主板前，需要提前安装一些小零件，如铜柱螺丝。

1.安装铜柱螺丝及挡板

Step 01 将主板放在机箱中，然后对比有哪些孔需要安装螺丝，然后拿出主板，将铜柱螺丝按照刚确认的位置拧入机箱的对应孔中，如图2-41所示。

Step 02 取出挡板，安放到机箱的挡板位置，从内向外扣到机箱上，如图2-42所示，然后压入槽中，听到"咔"的卡入声，挡板就安装成功了。

图 2-41

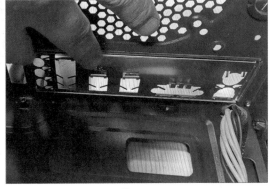

图 2-42

一定要注意挡板的方向，不要装反。安装时要小心不要被挡板伤到手。

2.安装主板及固定螺丝

Step 01 将主板放入机箱并将接口插入主板挡板，让所有接口都从挡板中露出。然后稍微移动主板，将所有螺丝孔露出，如图2-43所示。

Step 02 使用螺丝刀将固定螺丝拧入铜柱螺丝的固定孔中，如图2-44所示。

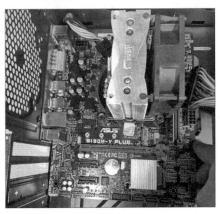

图 2-43

图 2-44

注意事项 **固定螺丝的技巧**

固定螺丝时可以先拧入对角孔，就不会因为其他孔的移位而无法拧入螺丝。

Step 03 连接电源线路。首先连接24PIN的主板电源连接线，如图2-45所示。

Step 04 连接CPU的双4PIN供电，将其插入主板的CPU电源孔中，如图2-46所示。因为有防呆设计，安装还是比较安全的。

图 2-45   图 2-46

2.2.6 机箱跳线

接下来可以先安装显卡，但是安装完显卡，尤其是显卡比较大的情况下，会给机箱跳线带来难度，这里先连接机箱跳线，然后再安装显卡。

Step 01 首先讲解音频跳线的连接，如图2-47所示。

Step 02 在主板上找到音频跳线接口，插入即可，如图2-48所示。

图 2-47   图 2-48

Step 03 连接前置USB接口跳线，如图2-49所示。在主板上找到对应的USB跳线接口，插入即可，如图2-50所示。

| 图 2-49 | 图 2-50 |

Step 04 连接前置USB 3.0接口，可以看到这个跳线接口是蓝色的，如图2-51所示。
用户只要将其接入对应的主板USB 3.0插槽即可，如图2-52所示。

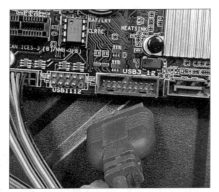

| 图 2-51 | 图 2-52 |

Step 05 将SATA数据线一侧先接到主板上，如图2-53、图2-54所示将线另外一端甩
到机箱背部，方便连接硬盘。

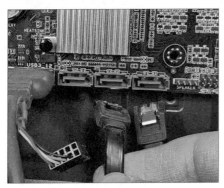

| 图 2-53 | 图 2-54 |

Step 06 连接指示灯和按钮跳线，如图2-55所示。因为按钮不分正负极，而指示灯
分正负极，在主板上，左侧一般是正接线柱，另一侧为负接线柱。连接完成后如图2-56
所示。

图 2-55

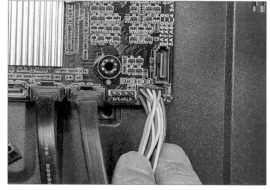

图 2-56

2.2.7　安装显卡

接下来进行显卡的安装，显卡在安装前，需要对比显卡大小和机箱的挡板，将多余的挡板拆掉，再开始显卡的安装。

Step 01 将显卡放入机箱中，将金手指对准插槽插入，双手均匀用力插到底即可，如图2-57所示。

Step 02 使用螺丝将显卡固定到机箱上，如图2-58所示。最后给显卡接入6PIN外接供电，至此显卡安装完毕。

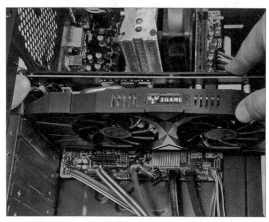

图 2-57

图 2-58

动手练 为计算机安装硬盘

硬盘的安装包括SATA接口的硬盘和M.2接口的硬盘，下面讲解如何安装SATA接口的硬盘。

Step 01 将固态硬盘放入支架中，如图2-59所示，然后将带支架的固态硬盘推入机箱支架中，如图2-60所示，一直推到底，直到被卡住并固定。

图 2-59

图 2-60

Step 02 将3.5寸机械硬盘推入机箱支架中，如图2-61所示，用螺丝固定，如图2-62所示。

图 2-61

图 2-62

Step 03 接下来到机箱背部，将SATA数据线另外一头接到硬盘的SATA数据线孔中，如图2-63所示，同时将SATA电源线接到硬盘电源孔中，如图2-64所示。

图 2-63

图 2-64

机械硬盘和固态硬盘都要连接数据线和电源线，至此硬盘安装完毕。

2.3 连接外部设备

完成机箱内部各部件的接驳和安装后，盖上机箱盖即可。接下来介绍机箱与一些常见的外部设备之间的连接方法。

2.3.1 键盘鼠标的连接

如果是PS2接口的键盘鼠标，需要根据方向接入到主板的PS2接口中，如图2-65所示。如果是USB接口的，只要将键盘鼠标接入到计算机的USB接口即可，如图2-66所示。接入PS2接口时，需要注意方向，PS2接口有插针和防呆设计。

图 2-65

图 2-66

2.3.2 显示器连接

显示器连接需要使用对应的视频线，这里使用HDMI线，注意视频线接口的形状，如图2-67所示，插入显卡的接口如图2-68所示。

图 2-67

图 2-68

2.3.3 电源线连接

电源线的连接比较简单，因为有防呆设计，而且3针也不容易插错，如图2-69、图2-70所示。接入后，打开电源开关，将按钮拨到"-"位置接通。

图 2-69

图 2-70

动手练 为计算机连接网线或无线网卡

网线的连接比较简单，注意方向即可，如图2-71所示。如果是无线网卡，只要接到USB接口即可，如图2-72所示。

图 2-71

图 2-72

知识点拨

连接音频线

机箱的音频线只要插到主板的绿色音频接口即可。

完成所有内外部线缆的连接后就可以试着开机了。到这里计算机的组装就全部完成。

知识点拨

装机的注意事项

在整个安装过程中，用户要胆大心细、有耐心，注意不要丢失零件。这里介绍的步骤是比较正常的步骤，在装机时可能会有特殊情况，也可以更换步骤，只要把内部设备正确地安装到位即可。整个安装过程中一定要注意安全，不要被机箱或者零件划伤。

计算机组装与维护标准教程（全彩微课版）

有些用户最头疼的就是这4对跳线，其实掌握了规律，跳线非常简单。跳线后如果没起作用，只要拔下检查后再重新跳线即可，不会损坏指示灯。这4对跳线包括：

（1）两对按钮。

POWER SW（电源按钮）就是开机键。RESET SW（重启按钮）就是重启键。这两对按钮不分正负极，原理是按下按钮，插针短接。

（2）两对指示灯。

POWER LED（电源指示灯）通电会点亮。HDD LED（硬盘工作指示灯）在硬盘读写时会闪烁。这两对指示灯分正负极。

这4对跳线如图2-73所示，电源指示灯的两根接线柱是分开的。

图 2-73

注意观察主板，绝大多数主板上都会画出插针的作用，如图2-74所示，注意在插针附近寻找。

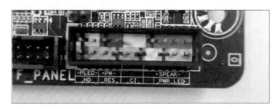

图 2-74

这里插针用的是左边8个，按颜色分成4组。左上两个是"+PLED-"，为电源指示灯接口，左侧为正极。左下两个是"HD"，为硬盘工作指示灯接口，左侧为正极。右上两个是"+PW-"，为电源按钮接口。右下两个是"RES"，为重启按钮接口。虽然接线柱下方会标识出正极接线柱，但按钮的接线柱不分正负极。其实在不同主板上，这4对跳线的位置和作用，以及接线柱正负极都是固定的，其他主板的跳线方法是一样的。

 知识点拨

不常用的接线柱

剩下的接线柱可以不接。其中"CI"是机箱安全检测，接线后机箱侧盖打开会报警。"SPEAK"是主板小喇叭，计算机启动出现问题时会用声音报警。"PWR_LED"也是电源指示灯，但是3根接线柱，用来实现电源多种状态的提示，基本用不到。

第3章
计算机的大脑——CPU

前面介绍计算机的功能和计算机的工作原理时，介绍了计算机的运算功能和控制功能，它们全部集合在一块小小的芯片上，这就是本章将要着重介绍的计算机组件——CPU。可以说CPU是计算机的大脑，负责整个系统的运算和控制工作。

3.1 CPU概述

CPU（Central Processing Unit，中央处理器）是计算机的核心。CPU通常是一块超大规模的集成电路，是一台计算机的运算核心（Core）和控制核心（Control Unit），其功能主要是解释计算机指令及处理计算机软件中的数据。CPU的外观如图3-1、图3-2所示。

图 3-1

图 3-2

3.1.1 认识CPU

硅是CPU制作的主要材料，对硅的提纯和融化，制作出单晶硅锭。将单晶硅锭切割后就变成了晶圆，如图3-3所示。经过热处理后，给晶圆涂上光阻物质进行蚀刻。蚀刻使用波长很短的紫外线并配合很大的镜头。短波长的光将透过这些石英遮罩的孔照在光敏抗蚀膜上，使之曝光，如图3-4所示。

图 3-3

图 3-4

被紫外线照射的地方光阻物质溶解，停止光照并移除遮罩，使用特定的化学溶液清洗掉被曝光的光敏抗蚀膜下面紧贴着的一层硅。然后曝光的硅将被原子轰击，使得暴露的硅基片局部掺杂，从而改变这些区域的导电状态。再次生长硅氧化物，然后沉积一层多晶硅，涂敷光阻物质，重复影印、蚀刻过程，得到含多晶硅和硅氧化物的沟槽结构。重复多遍，形成一个3D的结构，这是最终的CPU的核心。测试晶圆的电气性能后将晶圆切割成块，每一块就是一个处理器的内核。

晶圆上的每个CPU核心都将被分开测试。可以鉴别出每一颗处理器核心的关键特性，例如最高频率、功耗、发热量等，并决定CPU的等级，如果性能好且稳定将作为高端处理器内核，否则按照核心的稳定频率，进行锁频后封装再作为中端处理器销售。

这时的CPU是一块块晶圆，还不能直接被用户使用，必须将其封入一个陶瓷或塑料的封壳中，如图3-5所示。这样就可以很容易地装在一块电路板上。封装往往能带来芯片电气性能和稳定性的提升，能间接地为主频的提升提供坚实可靠的基础。

出厂前会进行最后的测试，没有问题则根据等级测试结果将同级别的处理器放在一起装运。制造、测试完毕的处理器会批量交付给OEM厂商，或者放在包装盒里进入零售市场，如图3-6所示。

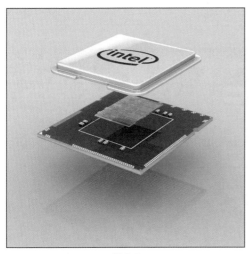

图 3-5

图 3-6

3.1.2 Intel公司代表产品

CPU的制造是极为精密复杂的过程，目前Intel和AMD两家公司的市场份额较高。首先介绍Intel公司的主要CPU系列及代表产品。

1. Intel 公司简介

Intel公司是美国一家以研制CPU为主的公司，是全球最大的个人计算机零件和CPU制造商，如图3-7所示。1971年，Intel公司推出了全球第一款微处理器。微处理器带来了计算机和互联网革命，改变了整个世界。Intel公司的第一款CPU Intel 4004如图3-8所示。

图 3-7

图 3-8

2. Intel CPU 的主要系列

　　Intel公司的CPU主要包括服务器的至强（XEON）系列，如图3-9所示；物联网设备使用的Quark系列；手持设备等低功耗平台使用的凌动（ATOM）系列；入门级使用的赛扬（Celeron）处理器；中低端的奔腾（Pentium）处理器，如图3-10所示，以及主流的酷睿（Core）处理器。

图 3-9

图 3-10

3. 酷睿系列处理器

　　酷睿处理器属于Intel推出的桌面级系列CPU产品，是Intel公司推出的面向中高端消费者、工作站和发烧友的一系列CPU。酷睿系列的CPU目前主要有i3、i5、i7、i9系列产品。在2020年4月，Intel正式发布了10代产品，包括酷睿、奔腾、赛扬及低电压产品。目前主流产品为第9、第10代酷睿处理器，Intel 10代酷睿CPU的主要型号如图3-11所示。

处理器	内核/线程	基本频率	支持内存类型	推荐主板
i9-10900KA	10核心20线程	3.70 GHz	DDR4-2933	Z490
i9-10900K	10核心20线程	3.70 GHz	DDR4-2933	Z490
i9-10900KF	10核心20线程	3.70 GHz	DDR4-2933	Z490
i9-10900F	10核心20线程	2.80 GHz	DDR4-2933	B460
i9-10850K	10核心20线程	3.60 GHz	DDR4-2933	Z490
i7-10700KA	8核心16线程	3.80 GHz	DDR4-2933	Z490
i7-10700K	8核心16线程	3.80 GHz	DDR4-2933	Z490
i7-10700KF	8核心16线程	3.80 GHz	DDR4-2933	Z490
i7-10700	8核心16线程	2.90 GHz	DDR4-2933	B460
i7-10700F	8核心16线程	2.90 GHz	DDR4-2933	B460
i5-10600K	6核心12线程	4.10 GHz	DDR4-2666	Z490
i5-10600KF	6核心12线程	4.10 GHz	DDR4-2666	Z490
i5-10400	6核心12线程	2.90 GHz	DDR4-2666	B460
i5-10400F	6核心12线程	2.90 GHz	DDR4-2666	B460
i5-10500	6核心12线程	3.10 GHz	DDR4-2666	B460
i3-10100F	4核心8线程	3.60 GHz	DDR4-2666	H410
i3-10100	4核心8线程	3.60 GHz	DDR4-2666	H410
i9-10980XE	18核心36线程	3.00 GHz	DDR4-2933	X299
i9-10940X	14核心28线程	3.30 GHz	DDR4-2933	X299
i9-10920X	12核心24线程	3.50 GHz	DDR4-2933	X299
i9-10900X	10核心20线程	3.70 GHz	DDR4-2933	X299

图 3-11

酷睿X CPU

X（Extreme）代表极限版，也是酷睿顶级系列CPU，在上一代基础上提升频率、增加核心与缓存、改用钎焊等，虽然最多18个核心，但与最多32核心的AMD线程撕裂者相比也毫不逊色。

4. Intel I9-10900K 参数

I9-10900K是第10代酷睿I9的旗舰产品，如图3-12所示，主要参数如下。

图 3-12

英特尔酷睿i9-10900K采用14纳米技术，拥有10核心20线程，CPU主频为3.7GHz，全核心睿频为4.8GHz，最大睿频为5.1GHz，通过THERMAL VELOCITY BOOST技术，睿频可以达到5.3GHz，热设计功耗为125W。三级缓存20MB，DMI3 8GT/s总线速度。插槽类型为LGA 1200，内存频率支持上升到了2933MHz，集成了Intel 630核显，支持虚拟化技术。

第10代酷睿采用的新技术

Intel第10代酷睿i7、i9家族单核睿频加速全面提升至5.0GHz以上。Turbo Boost Max 3.0技术可以使处理器轻松达到更强的睿频加速能力，帮助处理器获得更好的能耗比。全面支持DDR4-2933高速内存、支持一键超频及WiFi 6 AX201高速无线网络。

3.1.3 AMD公司代表产品

下面介绍AMD公司的主要CPU系列及代表产品。

1. AMD 公司简介

AMD公司如图3-13所示，专门为计算机、通信和消费电子行业设计和制造各种创新的微处理器（CPU、GPU、主板芯片组、电视卡芯片等），提供闪存和低功率处理器解决方案。该公司成立于1969年，早期的产品AMD P8088如图3-14所示。AMD公司致力于为技术用户，从企业、政府机构到个人消费者，提供基于标准的、以客户为中心的解决方案。

图 3-13

图 3-14

2. AMD 公司的桌面级 CPU 系列

AMD公司的主要产品包括服务器使用的EPYC（霄龙）（如图3-15所示）、皓龙系列处理器，笔记本电脑使用的特殊型号，以及台式机使用的FX系列、速龙系列、A系列、锐龙系列、锐龙高端的线程撕裂者系列（如图3-16所示），以及商用PRO处理器系列，整机进行销售，不进入零售市场。其他的还有闪龙系列等。

图 3-15

图 3-16

3. 锐龙系列处理器

锐龙系列处理器是AMD的主打系列，和Intel的酷睿系列一直在桌面级平台进行角逐。现在已经发展到第5代锐龙技术，和Intel酷睿的命名类似，AMD的锐龙系列也分为3、5、7、9及高端的线程撕裂者系列，以针对不同的客户群和不同的需求者。锐龙5代产品信息如图3-17所示。

型号	核心代号	架构代号	接口类型	核心线程	制程工艺	频率	三级缓存	PCIe支持	TDP
R9 5950X	Vermeer	Zen 3	AM4	16/32	7nm	3.4/4.9 GHz	64 MB	PCIe Gen4	105 W
R9 5900X	Vermeer	Zen 3	AM4	12/24	7nm	3.7/4.8 GHz	64 MB	PCIe Gen4	105 W
R7 5800X	Vermeer	Zen 3	AM4	8/16	7nm	3.8/4.7 GHz	32 MB	PCIe Gen4	105 W
R5 5600X	Vermeer	Zen 3	AM4	6/12	7nm	3.7/4.6 GHz	32 MB	PCIe Gen4	65W

图 3-17

4. AMD Ryzen 9 5950X

AMD Ryzen 9 5950X是第5代锐龙R9旗舰型号，如图3-18所示，主要参数如下。

图 3-18

Ryzen 9 5950X是16核心32线程，采用7nm生产工艺，Socket AM4（1331）接口，主频3.4GHz，加速频率可以到4.9GHz，8M二级缓存，64MB三级缓存，Zen3架构，支持虚拟化技术，功率为105W，支持PCI-E 4.0，建议搭配X570主板。

3.2　CPU的常见参数

CPU性能最主要的判断方式是通过各种参数。从上面产品的介绍也能看出，要想了解、比较CPU的性能高低，必须要知道各个参数的含义。下面介绍一些CPU的常见参数。

3.2.1　工作频率

CPU的工作频率包括CPU的主频、外频、倍频、睿频等，睿频在AMD的CPU中称为Turbo CORE（动态超频技术）。

1. 主频

主频也叫时钟频率（CPU Clock Speed），单位是兆赫（MHz）或千兆赫（GHz），用来表示CPU的运算及处理数据的速度。通常主频越高，CPU在一个时钟周期内所能完成的指令也越多，CPU处理数据的速度就越快。

CPU的主频=外频×倍频系数。主频和实际的运算速度存在一定的关系，但并不是一个简单的线性关系，所以CPU的主频与CPU实际的运算能力是没有直接关系的，还要看CPU的流水线、总线等各方面的性能指标。

2. 外频

外频是CPU的基准频率，单位是兆赫（MHz）。CPU的外频决定整块主板的运行速度。通常在台式机中，所说的超频都是超CPU的外频（一般情况下，CPU的倍频都是被锁住的）。CPU决定着主板的运行速度，直接关系到内存的运行频率，两者是同步运行的，台式机很多主板都支持异步运行，绝大部分计算机系统中外频与主板前端总线不是同步的，而外频与前端总线（FSB）频率又很容易被混为一谈。

大部分CPU的默认外频都是100MHz或者133MHz，用户可能感觉比较少，但是对于主板上的其他设备来说已经足够快了。

3. 倍频

倍频是指CPU主频与外频之间的相对比例关系。在相同的外频下，倍频越高，CPU的频率也越高。但实际上，在相同外频的前提下，高倍频的CPU本身意义并不大，这是因为CPU与系统之间的数据传输速度是有限的，一味追求高主频而得到高倍频的CPU就会出现明显的"瓶颈"效应——CPU从系统中得到数据的极限速度不能满足CPU运算的速度。一般除了工程样板的Intel的CPU都是锁了倍频的。

4. 睿频（动态超频技术）

睿频是指当运行一个程序后，处理器会自动加速到合适的频率，如一个额定频率3.7GHz，睿频可达4.8GHz的处理器，在处理TXT文档时，只会用到2GHz，但是当运行大型游戏时，可以自动加速到4.8Hz，也就是说，睿频其实就是CPU支持的临时的超频。注意是临时，而后会随着应用负荷降低而将频率降回去。

注意事项 **睿频和超频的区别**

睿频是根据应用的实际需求，动态增加处理器运行速度，临时提高CPU的处理性能来应对突然的大量数据运算请求。在睿频时会保持处理器稳定在允许的功耗、电流、电压范围内。如果CPU因为睿频出现故障，是可以享受质保的。睿频是自动完成的，无须设置。

超频是用户手动设置，将CPU的工作频率调高。在功耗、电流、电压和温度方面都可能超出安全值，而且会一直保持在高性能状态。有经验的用户会手动调节各种参数指标，如电压、外频、倍频、异步，这会增加电压和散热等，如图3-19所示。超频后，系统可能会出现不稳定、黑屏、蓝屏、自动断电的情况，如果处理不当会烧毁CPU，而且是不能享受质保的。所以超频需要良好电气特性的产品、大功率电源、良好的散热等。

图 3-19

3.2.2　缓存

缓存指可以进行高速数据交换的区域，缓存的结构和大小对CPU速度的影响非常大。缓存的容量较小，但是运行频率极高，一般是和处理器同频运作。缓存处在CPU和内存之间，用来在两者之间建立高速通道。

CPU读取数据，首先从缓存中查找。找到了就直接使用，否则就从内存中查找，然后将其放入缓存中。因为缓存速度极快，直接提高了CPU的处理和运算能力。

重要的三级缓存

L1 Cache（一级缓存）是CPU的第一层高速缓存，分为数据缓存和指令缓存。内置的L1高速缓存的容量和结构对CPU的性能影响较大，不过高速缓存中存储器均由静态RAM组成，结构较为复杂，在CPU管芯面积不能太大的情况下，L1级高速缓存的容量不能做得太大。

L2 Cache（二级缓存）是CPU的第二层高速缓存，分内部和外部两种芯片。内部的二级缓存运行速度与主频相同，而外部的二级缓存则只有主频的一半。L2高速缓存容量也会影响CPU的性能，原则是越大越好。

L3 Cache（三级缓存）分为两种，早期的是外置，现在集成在CPU中。三级缓存在速度上不及一、二级缓存，但是在容量上却大得多。目前主流的CPU三级缓存是20M、32M、64M等。

▌3.2.3 TDP

TDP（Thermal Design Power，散热设计功耗）是提供给计算机系统厂商、散热片/风扇厂商及机箱厂商等进行系统设计时使用的。一般TDP主要应用于CPU，TDP值对应CPU满负荷时可能会达到的最高散热量，散热器必须保证在处理器TDP最大时，处理器的温度仍然在设计范围内。

TDP并不是CPU的功耗指标，只表示CPU正常工作条件下散发的热量指标。但该指标对于散热器的选择非常有参考意义。

睿频和超频的TDP

因为睿频的时间不长，产生的热量会高于TDP值，但不用担心，因为持续时间不那么长，而且散热器都留有一部分余量，是可以支撑睿频时散热的。而超频的TDP根据超频的时间和超频的频率大小可能会变得相当恐怖，所以以TDP仅仅作为非超频的情况下，对散热器选择的一个参考值。当需要CPU稳定超频或者测试超频极限的情况下，必须有一款散热非常好的散热器，或者使用液氮来散热，如图3-20所示。

图 3-20

▌3.2.4 接口

CPU要正常工作，需要与主板连接，从主板获取电能并与主板进行数据交换，两者连接的部分就是接口。CPU采用的接口方式有针脚式、卡式、触点式、针脚式等。CPU接口根据代数不同，在插孔数、体积、形状上都有变化，所以不同类型的接口不能互相接插。

CPU接口的命名形式往往以封装技术+触点数目或针脚数目来进行命名，如I9-

第 3 章　计算机的大脑——CPU

10900K即采用LGA封装，触点有1200个。了解这些，在选择CPU对应的主板时是有必要的。通过针脚数也能大致确定CPU的代数。选购主板时，一定要和CPU的针脚数对应，这是最简单的辨别方法。

从2004年起，Intel公司开始采用LGA架构，最明显的变化就是CPU的针脚变成了触点，如图3-21所示。

图 3-21

针或者说触点，全部挪到了主板上，如图3-22、图3-23所示，这也是一种风险的转移，毕竟针脚被碰弯的情况常有发生。

图 3-22

图 3-23

知识点拨

AMD产品的接口

AMD最新的锐龙系列，仍然采用PGA封装的AM4接口，针脚都在CPU上，如图3-24所示。所以在安装时和Intel产品略有区别，在拆卸、移动、放置时都需要注意。对应的主板接口如图3-25所示。

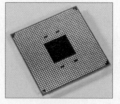

图 3-24

图 3-25

3.2.5 超线程

经常听到的××核××线程，核就是一个CPU中所含的核心数，而线程往往是核心数量的两倍。在单个CPU频率提升已经到了极限，或者说，再继续提升单个CPU的频率的性价比越来越低的情况下，CPU厂商提出了多核心。在多核心出现后，又出现了CPU无法被充分利用的情况，厂商又开发出了超线程技术。

超线程技术就是利用特殊的硬件指令，把两个逻辑内核模拟成两个物理芯片，如图3-26所示。让单个处理器都能使用线程级并行计算，进而兼容多线程操作系统和软件，减少CPU的闲置时间，提高CPU的运行效率。

虽然采用超线程技术能同时执行两个线程，但并不像两个真正的CPU那样，每个CPU都具有独立的资源。当两个线程都同时需要某个资源时，其中一个要暂时停止并让出资源，直到这些资源闲置后才能继续。因此超线程的性能并不等于两个CPU的性能。

含有超线程技术的CPU需要芯片组、软件支持，才能较理想地发挥该项技术的优势。

知识点拨

CPU虚拟化技术

虚拟化是一个广义的术语，在计算机方面通常是指计算元件在虚拟的基础上而不是真实的基础上运行。虚拟化技术可以扩大硬件的容量，简化软件的重新配置过程。利用CPU的虚拟化技术可以单CPU模拟多CPU并行，允许一个平台同时运行多个操作系统，且应用程序都可以在相互独立的空间内运行而互不影响，从而显著提高计算机的工作效率，如图3-26所示。

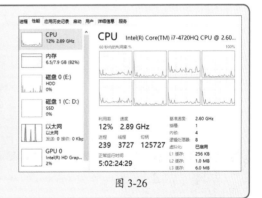

图 3-26

3.2.6 核显

核显就是核心显卡的简称，核心显卡是整合在CPU内部的图形处理核心，也就是常说的GPU，其依托处理器强大的运算能力和智能能效调节设计，在更低功耗下实现同样出色的图形处理性能和流畅的应用体验。

核心显卡与传统意义上的集成显卡并不同，工作方式的不同决定了其性能比早期的集成显卡有所提升，但它仍然是一种集成显卡，集成在CPU核心中的显卡。

现在很多CPU都集成了核显，低端的入门显卡性能有时却不如核显。用户在挑选时，根据是否搭配独立显卡来决定是否选择带有核显的CPU。

3.3 CPU的选择与辨识

用户对CPU的选购主要根据用途来判断该CPU是否适合，另外还要学会读懂CPU的信息及防伪的验证。

3.3.1 CPU的选购

大部分用户应该根据实际需要进行CPU的选择，也就是参考用户日常使用的应用软件进行选择，即按需进行选择。AMD的CPU在三维制作、游戏应用、视频处理上，确实比Intel公司同档次的处理器有优势。Intel公司的CPU在商业应用、多媒体应用、平面设计方面有优势。用户选购时也要考虑资金预算等问题。

（1）日常办公用户。

办公用户经常使用Office系列办公软件，音、视频性能可以作为次要的考虑范畴。建议该类用户可以使用Intel公司的奔腾I3系列处理器或者AMD公司的速龙系列，或者选择带有核显的CPU，尽量降低装机成本。

（2）多媒体用户。

该类用户需要综合考虑CPU、内存及显卡的配比。建议使用Intel公司的奔腾I3或I5系列的多核CPU或者AMD公司的多核系列。

（3）图形设计用户。

图形设计，如使用3D MAX等软件的用户，需要考虑CPU的线程数及核心数，CPU的线程和速度直接关系到渲染速度的快慢，如图3-27所示。建议选择Intel公司和AMD公司的6核或8核产品。

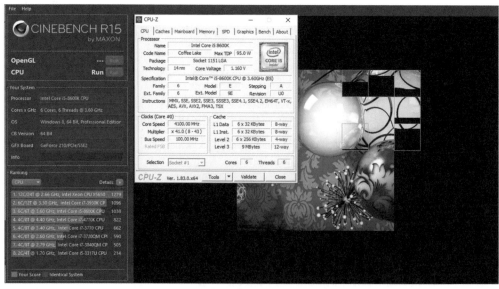

图 3-27

（4）游戏玩家。

游戏玩家对显卡的要求很高，CPU需要选择浮点性能较高的产品，建议选择Intel公司的酷睿及AMD公司4核及以上的产品。

（5）发烧级玩家。

因为发烧级玩家对于CPU的超频较感兴趣。在此种情况下，建议选择不锁倍频、稳定且强大的CPU产品。建议选择最新型8核及以上的产品来进行测试及超频，并选择强劲的CPU降温设备。

3.3.2　CPU上的参数解读

在CPU上会有该CPU的各种参数记录，下面介绍Intel公司和AMD公司在CPU上的参数含义。

1. Intel CPU

下面以Intel I9-10900K为例向读者介绍，如图3-28所示。

图 3-28

其中，"Intel"是CPU生产公司；CORE™ I9是该系列的名称，是酷睿系列中的I9系列。

I9-10900K是CPU的型号，I9是系列号，"10900"前面的"10"指的是第10代处理器，接下来三位数字是Intel SKU型号划分，一般来说有几种固定的数字，如Core I9为900、800；Core I7为700；Core I5为600、500、400；Core I3为300、100，等等。一般来说数字越大说明隶属的Core系列越高级，同级别比较，数字越大频率越高，性能越强。最后的字母是后缀，如K代表不锁倍频，通常理解为可超频。其他的还有：

● XE代表同一代性能最强CPU。

- X代表发烧级别产品。
- S代表该处理器是功耗降至65W的低功耗版桌面级CPU。
- T代表该处理器是功耗降至45W的节能版桌面级CPU。
- F没有核显，需要独立显卡支持。
- M代表标准电压CPU是可以拆卸的。
- U代表低电压节能，可以拆卸。
- H是高电压的、焊接的，不能拆卸。
- X代表高性能，可拆卸的。
- Q代表至高性能级别。
- Y代表超低电压的，不能拆卸。

SRH91是S-Spec编号或产品标识号，通过该号码可以查询到该CPU的详细信息；3.70GHz是CPU的默认主频；V008D787是产品批次号。

知识点拨

CPU PCB板上的信息

CPU封装的金属壳上是产品的相关信息。在PCB板上还有串号码和一个二维码。该二维码就是CPU的ULT号码，和序列号功能类似，也是CPU的唯一识别码。用扫码枪扫描能查看到完整的13位ULT码。

为了方便验证，CPU PCB板上还印刷了ULT最后4位或5位的编码，用来验证产品是否为原装。

2. AMD CPU

下面以锐龙R9 5950X为例讲解AMD CPU上参数的含义，如图3-29所示。

图 3-29

其中，"AMD"是商标，"Ryzen9"代表锐龙9系列，ZEN3内核，5代表第五代。接下来的三位数字是AMD CPU的SKU，如Ryzen 9为900，Ryzen 7为800、700，Ryzen 5为600、500、400，Ryzen 3为300、200。数字越大，频率越高。最后是字母，没有字母的不支持XFR技术，其中：

- **X：** 支持XFR技术，自适应动态扩频，除了睿频以外，还能让CPU工作在高于睿频频率的工作状态，而频率的最大值受到散热器散热效果的影响，散热器越强，频率越高。

- **U：** 面向轻薄笔记本产品，超低功耗，TDP仅15W，还集成了Vega核显。

中间是AMD和锐龙的商标及LOGO。下方左侧二维码是产品的OPN Tray代码和产品的序列号，可以和右侧的对应。下方右侧第一行是产品的OPN Tray代码，第二行是产品的生产日期和产品产地。SUT的SU指中国苏州，T指Texas（美国得克萨斯州）的晶圆产地。接下来是产品的序列号。DIFFUSED IN USA 代表I/O Die芯片是在美国生产。DIFFUSED IN TAIWAN 代表CPU核心在中国台湾生产（台积电7nm工艺）。MADE IN CHINA 代表在中国封装。

3.3.3 CPU的挑选与防伪

CPU有盒装和散装之分，下面介绍两者的不同及CPU购买后需要的防伪验证。

1. 盒装与散装

从技术角度而言，散装和盒装CPU并没有本质的区别，至少在质量上不存在优劣。对于CPU厂商而言，其产品按照供应方式可以分为两类，一类供应给品牌机厂商，另一类供应给零售市场。面向零售市场的产品大部分为盒装产品，而散装产品则部分来源于品牌机厂商外泄及代理商的销售策略。

从理论上说，盒装和散装产品在性能、稳定性及可超频潜力方面不存在任何差别，但是质保存在一定差异。一般而言，盒装CPU的保修期要长一些（通常为三年），而且附带一只质量较好的散热风扇，往往受到广大消费者的喜爱。然而这并不意味着散装CPU就没有质保，只要选择信誉好的代理商，一般都能得到为期一年的常规质保时间。事实上，CPU并不存在保修的概念，CPU的保修等于保换。盒装CPU如图3-30所示，散装CPU如图3-31所示。

图 3-30

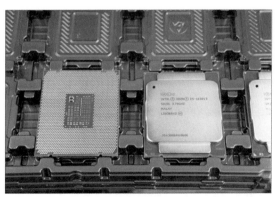

图 3-31

2. CPU 的防伪验证

CPU造假的可能性微乎其微，一般是通过型号的更改以次充好；二手件冒充一手件等。用户可以使用以下方法进行真伪辨别，但笔者还是推荐用户在正规商家或电商处选购，与实际价格差距太多往往都会存在或多或少的猫腻。下面介绍盒装CPU的常见防伪验证方法。

（1）封口验证。

新包装的封口标签仅在包装的一侧，标签为透明色，字体白色，颜色深且清晰，如图3-32所示。

图 3-32

（2）标签验证。

标签可以查看很多参数，可以到官网验证，Intel的产品标签如图3-33所示，手摸激光镭射防伪标签和产品标签不能分层。

图 3-33

第一行是产品的名称、频率、缓存、针脚、TDP。第二行是产品的编码，也可以从中看出产品的型号，S-spec是产品的标识号。第三行UPC EAN等是商品条形码，没有什么特别的用处。最下方左侧是产品的序列号，右侧是产品的批次号，和CPU上的产品批次号是对应的，必须一致。

通过产品序列号，可以到Intel官网的CBA页面"https://cbaa.intel.com/"查询到OLT编码，如图3-34所示。

图 3-34

通过获取到的ULT编码，和CPU PCB板上的ULT二维码进行比较。因为CPU上的二维码用手机无法扫描，所以一般和CPU PCB板上印刷的ULT后4位或后5位进行比较，一致即可确认是正规盒装处理器。CPU PCB板上的二维码和ULT码不固定，用户查看CPU就能找到，如图3-35所示。

图 3-35

知识点拨

查看CPU的质保时间

通过上面的方法可验证CPU是否为正规渠道的合法产品。如果要查看CPU的质保时间，可以登录Intel的官方保修查询页面，选择产品类型为"处理器"，输入"批号"和完整的"ULT"码，单击"检查产品"按钮，如图3-36所示，就能查出CPU的质保时间，如图3-37所示。

57

（3）查看盒内保修卡。

根据本地相关的商业规范，经销商应完整填写保修卡相关的产品信息和购买信息。填写不完整或保修卡丢失，消费者或失去免费保修权利。确保保修卡上的零售盒装序列号与产品标签上的序列号一致，如图3-38所示。

图 3-38

（4）查看散热风扇。

观察风扇部件号，不同型号盒装处理器配有不同型号风扇，打开包装后，可以看到风扇的激光防伪标签，如图3-39所示。真的Intel盒包CPU防伪标签为立体式防伪，除了底层图案会有变化外，还会出现立体的"Intel"标识。而假的盒包CPU，其防伪标识只有底层图案的变化，没有"Intel"的标识。

图 3-39

（5）查看总代标签。

从正规的Intel授权零售店面购买盒装处理器，可以查看总代理标签，如图3-40所示。

图 3-40

（6）通过短信验证。

可以直接将零售产品序列号发送短信致10657109088011（中国移动用户）、106550218888088011（中国联通用户）或106590210007588011（中国电信用户）获取与之匹配的处理器产品的ULT编码，请检查是否与用户的处理器产品序列号一致。

（7）微信验证。

在微信上关注微信公众账号"英特尔客户支持"或扫描二维码，如图3-41所示，可以验证产品，查询保修状态，如图3-42所示。

图 3-41

图 3-42

（8）客户支持。

在Intel官网的"客户支持"中，找到处理器的支持，并与客服进行沟通，如图3-43所示。

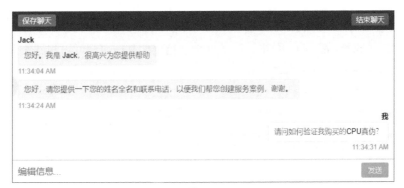

图 3-43

动手练 使用CPU-Z查看CPU的参数信息

CPU-Z是一款家喻户晓的CPU检测软件，是检测CPU使用程度最多的一款软件。CPU-Z支持的CPU种类相当全面，软件的启动速度及检测速度都很快。另外还能检测主板和内存的相关信息，其中就有常用的内存双通道检测功能。

Step 01 运行CPU-Z后，弹出如图3-44所示的主界面。

CPU-Z中的参数

从CPU-Z中可以查看CPU的名称、开发代号、TDP功耗、插槽及封装方式、工艺、核心电压，指令集、CPU的频率、主频、外频、倍频、缓存信息、核心数及线程数，涵盖了CPU的大部分参数。

Step 02 切换到"内存"选项卡，可以查看内存的类型、大小、通道数、频率等，如图3-45所示。切换到"SPD"选项卡，会显示更多内存信息。在"显卡"选项卡中可以查看显卡的相关信息。

图 3-44

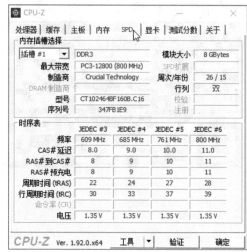

图 3-45

Step 03 切换到"测试分数"选项卡，可以测试CPU性能，也可以选择其他CPU的得分做比较，如图3-46所示。单击"测试处理器稳定度"按钮，可以测试处理器的负载能力和系统的稳定性，如图3-47所示。

图 3-46

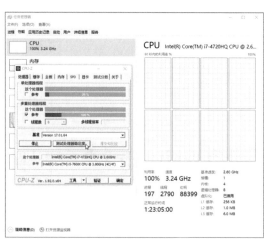

图 3-47

知识延伸：CPU散热器的选购

CPU必须有散热器才能正常工作，没有散热器的支持或者散热器的效果不好，CPU轻则罢工、死机、黑屏、重启；重则会被烧毁。尤其对有超频需求的用户，更应该选择一款散热效果好的散热器。

散热器需要根据不同的用途、不同的CPU、不同的TDP进行选择。

1. 纯风冷散热器

CPU一般使用风扇作为主要散热器，也叫作风冷散热。风冷散热设备主要由散热片、散热风扇组成。散热片下部涂抹硅脂与CPU相连，起到紧密连接及快速导热的作用。简单应用及入门级玩家选择纯风冷即可，如果是盒装CPU，可以直接使用自带的风扇，如图3-48所示。

图 3-48

注意事项 **大风扇不一定代表静音**

虽然大风扇相对小风扇有一些优势，但是不要忽略一点，那就是"风压"。因为对散热来说，风量是前提，静音是附加效果，而"风压"却是散热效果好坏的关键，"风量"和"风压"的良好配合，才能取得良好的散热效果。

2. 热管散热器

热管散热器是目前独立散热器中最常见也是最热销的，热管散热器可以分为下压式和侧吹式。

（1）下压式热管散热器。

下压式热管散热器如图3-49所示，受制于机箱温度，散热效果会有一定影响；而且由于风扇吹向主板，容易造成热气聚集，排放不畅，所以必须搭建良好的机箱风道来辅助热气的发散，适合体积小的迷你机箱。

图 3-49

（2）侧吹式热管散热器。

侧吹式热管散热器如图3-50所示，通过高塔结构散热片和导热管传导热量，风扇侧吹散热鳍片的方式进行散热，由于采用高塔散热片，散热面积更大，辅助多根导管，散热效率更加明显，主要用于中塔、全塔机箱，适合高端CPU，也能应对超频。

图 3-50

3. 水冷散热器

一体水冷常见的就是120、240、360冷排，一般情况下360冷排的效果更好，价格也更贵。一体式水冷散热器主要由水冷头、导管、冷排风扇和安装扣具构成，其中水冷头的工艺最为复杂，也最能体现一款散热器的性能，包括CPU接触导头、水道和水泵。一体水冷因为热气直接排到机箱外，对机箱风道的依赖比风冷散热器要低，流动水的导热效率高，散热效率高，风扇产生的噪音也小。冷排是散热器的散热关键，一般冷排均采用铝质的散热鳍片，将热量通过风扇排出机箱外，因此，散热性能的好坏往往与冷排材质、大小和风扇效率有关。常见的水冷如图3-51、图3-52所示。

图 3-51

图 3-52

第4章
计算机的身体——主板

从逻辑拓扑角度来说，主板是为计算机的各组件提供连接
和数据中转的设备，计算机组件必须接驳到主板上才能使用，
一些特殊功能的实现、超频等都需要通过主板完成。本章将向
读者介绍主板的相关知识。

4.1 主板简介

主板一般是矩形电路板，上面安装了组成计算机的主要电路系统，一般有BIOS芯片、I/O控制芯片、面板控制开关接口、指示灯插针、扩展插槽、直流电源供电插针、各种功能芯片等元件。主板采用了开放式结构，约有5~15个扩展插槽供内外部设备插接。通过更换内部设备，可以对计算机相应子系统进行局部升级，使厂家和用户在配置方面有更大的灵活性。

4.1.1 主板的分类

主板可以按照芯片组划分，也可以按照结构划分。通常按照CPU的型号和针脚数来确定可以使用的主板种类。常见的主板类型有3类，分别是ATX、M-ATX（Micro ATX）、ITX（Mini ITX）。

1.ATX 主板

ATX是市场上最常见的主板结构，俗称全尺寸主板，如图4-1所示。大小为30.5cm×24.4cm，扩展插槽较多，PCI-E插槽数量一般有3~4条，4条内存插槽，大多数主板都采用此结构。

2.M-ATX 主板

M-ATX如图4-2所示。尺寸为24.4cm×24.4cm，是ATX结构的简化版，就是常说的"小板"，扩展插槽较少，一般有2或4条内存插槽，PCI-E插槽数量为1~2条，多用于品牌机及小型机箱。

图 4-1

图 4-2

3.ITX 主板

ITX更小，如图4-3所示，大约为17cm×17cm，主要用于特殊的机箱，可以做成随身携带的计算机主机或者家里的媒体中心，1条PCI-E插槽，2条内存插槽。

图 4-3

4.1.2 主板的芯片组

主板芯片组（Chipset）相当于主板的大脑，主板各功能的实现都依赖于主板芯片组。对于传统主板而言，芯片组几乎决定了这块主板的功能，进而影响到整个计算机系统性能的发挥，芯片组是主板的灵魂。芯片组性能的优劣，决定了主板性能的好坏与级别的高低。

计算机的升级包括CPU的升级，都必须有主板芯片组的支持。一般新一代的CPU需要新的主板芯片组的支持。通常主板的命名，包括数字部分也是描述的芯片组的具体类型和系列，如Intel 10代内存控制器的功能和Z490芯片组的功能，如图4-4所示。

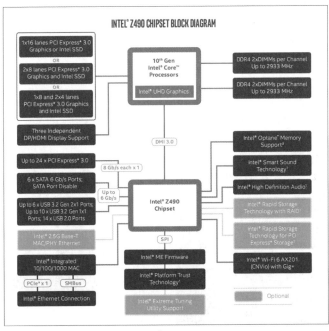

图 4-4

按照在主板上排列位置的不同，通常分为北桥芯片和南桥芯片。现在比较主流的主板已经没有传统意义上的南北桥了，北桥芯片的大部分功能，如PCI-E控制器、内存控制器、GPU图形核心等已经合并进CPU中。剩余部分功能由南桥承担，所以现在主板只剩下南桥。现在所说的芯片组一般指南桥，南桥的主要作用也仅仅限于将这几个通道拆分，以支持几个PCI-E接口、USB 2.0和SATA接口，作用基本相当于一个内置的交换机，大部分功能已经被CPU代替，所以未来南桥的取消也是大势所趋。主板芯片组去除散热后的样子如图4-5所示。

图 4-5

4.1.3 主板的主要功能芯片

主板各功能的实现主要由主板芯片实现，下面介绍一些主要的功能芯片。

1. 网卡芯片

网卡芯片提供板载网卡接口的有线网络连接功能，例如该主板使用的是Intel S0113L01，如图4-6所示，是一块支持2500Mb/s的高速网卡。在无线使用方面，使用的无线网卡是Intel AX201NGW，如图4-7所示，400系列主板标配的无线网卡支持WiFi 6。

图 4-6

图 4-7

2. 声卡芯片

声卡芯片的作用是将系统声音通过转换输出到对应的接口，提供声音输出。图4-8所示是来自Realtek（瑞昱）的ALC1220，是一块常见的旗舰级集成声卡。

3. 监控芯片

监控芯片用来负责监控CPU温度、风扇转速、各种工作电压的芯片，图4-9所示使用的是Nuvoton（新唐）的NCT6796D-E。

图 4-8

图 4-9

4. 供电控制芯片

供电控制芯片一般称为PWM（Pulse Width Modulation，脉冲宽度调制），主要起到控制调节电路的作用，如图4-10所示。

5. SATA 控制芯片

SATA控制芯片如图4-11所示，可以控制SATA数据传输，或者作为转换器，如将PCI-E多余通道转换成两个SATA 6G接口。

图 4-10

图 4-11

6. USB 主控

可以提供包括USB 3.2Gen2、Type-c接口的主控，如图4-12所示，以及USB 3.2Gen1接口的主控，如图4-13所示。

图 4-12   图 4-13

7. BIOS 只读存储器

BIOS只读存储器存储UEFI模块，是开机的必要芯片，如图4-14所示。

8. Flash Back2 芯片

Flash Back2芯片用来在计算机无法点亮的情况下升级或者降级BIOS，如图4-15所示。

图 4-14   图 4-15

9. 小型处理器芯片

ARM架构的32位单片机芯片如图4-16所示，可以在没有CPU和芯片组的情况下提供一个USB接口，搭配Flash Back2，可以在无CPU的环境下刷入BIOS。

10. RGB 控制芯片

RGB控制芯片是控制机箱RGB灯光的专用芯片，如图4-17所示。

图 4-16　　　　　　　　　　　　　　　　　　　图 4-17

4.1.4　主板的供电系统

从前面的介绍可以看到，主板提供大量接口，而这些接口的功能都需要对应芯片的支持。主板上面密密麻麻的都是线路和供电的电容、电阻和电感，而供电的重头在CPU的供电上，常说的几相+几相指的就是供电。

1. 电容与电感

电容主要起到滤波的作用（高通），因为电路中的电流会忽高忽低，这对计算机这种精密的设备是非常有害的，所以电感与电容的作用就像蓄水池，不管进入的水量大或小，输出的都是稳定的电流。电感作用类似，但主要负责滤波（低通），净化电流，提高稳定性，二者都是为了稳压稳流。电容与电感如图4-18所示，其中圆柱形状的元件就是固态电容，银白色方块中的元件是封闭式电感。

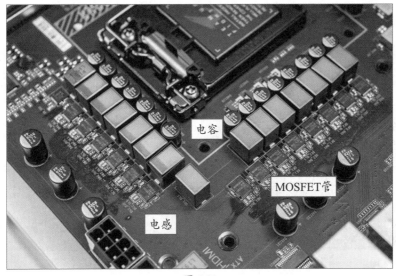

图 4-18

2. 电阻

电阻的主要作用是限流及分压，与其他电子元件构成完整的计算机供电系统，进行阻抗匹配与转换。

3. MOSFET管

MOSFET管中文名称是场效应管，又叫作MOS管，如图4-18所示。在供电电路里表现为受栅极电压控制的开关。每相的上桥和下桥轮番导通，对该相的输出扼流圈进行充电和放电，在输出端得到一个稳定的电压。

4. 多相供电

以前的CPU大都是单向供电，随着CPU功耗变大，发热量大，单相供电利用率低，经常会供电不足，所以现在采用多相供电来解决这一矛盾。几相供电就是指有几个回路给CPU供电。

4.2 主板的主要接口

前面介绍了芯片组，芯片组实现的各种功能，最终都是靠主板的各种功能接口连接内部设备后发挥出来，下面介绍常见的主板接口及其作用。

▌4.2.1 主板内部的主要接口

主板内部接口主要连接内部组件，包括以下几种接口。

1. CPU 插槽

CPU插槽是主板的主要接口，提供了接驳CPU的接口。Intel CPU的主板插槽如图4-19所示，因为封装方式不同，AMD CPU的主板插槽如图4-20所示。

图 4-19

图 4-20

2. 内存插槽

内存插槽用于内存的安装，一般2~4个，有防呆设计，两边有固定的卡扣。插装内存条时要注意方向，如图4-21、图4-22所示。

图 4-21

图 4-22

3. PCI-E 插槽

PCI-E插槽主要用于PCI-E显卡的接驳，如图4-23所示，也可以安装PCI-E网卡，或者使用PCI-E转接卡连接其他设备，以使用高速的PCI-E通道，如图4-24所示的M.2固态硬盘、SSD固态等，或者转换成SATA 3接口、USB 3.2Gen2等。

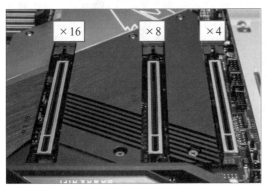

图 4-23

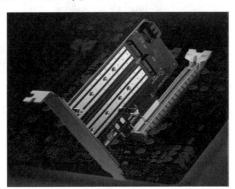

图 4-24

PCI-E插槽接驳的设备，数据传输使用的是PCI-E通道，这条通道非常快，已经发展了3代，现在向第4代，也就是PCI-E 4.0过渡。目前使用最多的是PCI-E 3.0，PCI-E×1的带宽可以达到约1GB/s，这里是单向带宽，考虑到PCI-E是全双工模式，总带宽为2GB/s，但一般也不会双向全速，平时还是按单向计算。

主板的PCI-E接口一般×16，用于连接显卡，速度是16GB/s；×8及×4接口的速度读者可以自己计算，×8接口一般和×16接口组建双显卡SLI或者交火。×4可以用于组建三显卡的SLI或交火，但是一般不会这么做，所以×4和×1一般用于连接其他PCI-E使用。

如何区分PCI-E插槽的倍数

主板上都印有该接口的倍数。一般离CPU最近的是×16倍，向外依次为×8和×4，×1倍接口较小，一般隐藏在散热鳍片下，需要拆下散热鳍片使用。PCI-E接口倍数向下兼容，例如×8的设备可以插到×16的接口上，以此类推，所以这3条PCI-E基本够用。有些高端显卡有两条×16 PCI-E插槽，用于高端显卡双卡互联使用。

4. M.2 接口

M.2接口主要为M.2设备提供接驳，主要连接的是M.2接口的固态硬盘。

M.2接口是Intel推出的一种替代MSATA的新的接口规范。M.2接口有两种类型：Socket 2和Socket 3，其中，Socket 2支持SATA、PCI-E×2接口，如果采用PCI-E×2接口标准，最大的读取速度可以达到700MB/s，写入速度也能达到550MB/s。而Socket 3可支持PCI-E×4接口，理论带宽可达4GB/s。现在基本上都是Socket 3接口，用户购买时需要注意。主板上的M.2接口一般隐藏在散热鳍片下，需要拆下安装，如图4-25所示，安装固态硬盘后的效果如图4-26所示。

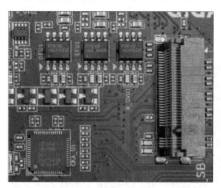

图 4-25

图 4-26

5. SATA 接口

准确的说法为SATA 3接口，也称为SATA 6G接口，理论上速度为6Gb/s，大约是600MB/s。主板上的SATA接口有很多，如图4-27所示。

6. USB 接口

USB 2.0接口插针如图4-28所示，注意防呆缺口的位置。现在主流的USB 3.0接口插针如图4-29所示，USB 3.2Gen2接口如图4-30所示。

图 4-27

图 4-28

图 4-29

图 4-30

知识点拨

USB接口

　　USB接口速度向下兼容，USB 2.0接口目前基本看不到了，USB 3.0接口又称为USB 3.2Gen1接口跳线，如图4-31所示，目前已经成为主流。USB 3.2Gen2接口，又称为Type-C接口，目前正逐渐普及，例如机箱前面板的这些接口，如图4-32所示。

图 4-31

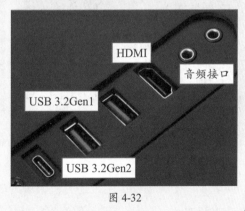

图 4-32

7. 音频接口

　　机箱前面的音频接口，包括声音输入和输出，在主板上用音频插针来连接，如图4-33所示，有点像USB 2.0的插针，但是防呆缺口位置不同。

8. 电源输入接口

主板需要供电才能为连接到其上的组件供电,如CPU、内存等。主板的电源输入口一般是24针,又称为24PIN,如图4-34所示。

图 4-33

图 4-34

9. CPU 供电接口

电源通过供电接口为CPU供电。供电接口根据不同的CPU,有不同的电源输入针数,如双6PIN、双8PIN,如图4-35所示。

10. 风扇接口

CPU散热的风扇或者水冷,在主板上都有对应的插针为其供电,在主板上一般为4PIN,如图4-36所示,该接口一般在CPU附近,有说明印刷在电路板上。

图 4-35

图 4-36

除了CPU风扇外,主板还为机箱风扇提供电源接口,可以监测及控制风扇转速。如图4-37所示,其中,CPU_FAN指的就是普通的CPU风扇。如果是水冷,风扇还要连接到CPU_FAN上,对水冷头电机,需要连接到CPU_OPT上,有些主板叫作CPU_FAN2/WP_3A。除了CPU的风扇外,还有专门为机箱风扇设计的接口,如图4-38所示,一般主板上有多个机箱风扇接口,一般是4PIN接口。

图 4-37   图 4-38

知识点拨

风扇只有3PIN怎么办

按照防呆设计3PIN也能插上去,缺的那针就是风扇转速调节功能,也就是不能调整转速,但仍然可以检测到风扇的转速。

11. RGB 与 ARGB 接口

RGB提供12V的电压,只能纯色变换,4针,而ARGB为5V,可以实现多种色彩渐变效果,也就是常说的跑马灯,3针。在主板上的插针如图4-39所示。

12. 雷电扩展卡插槽

提供雷电扩展接口,如图4-40所示。

图 4-39   图 4-40

13. 功能按钮

主板上还提供电源按钮和重启按钮,方便在超频时操作计算机关机或重启,如图4-41所示,有些主板还有一键超频按钮,如图4-42所示。

| 图 4-41 | 图 4-42 |

▎4.2.2 主板背部的接口

前面讲解的各种接口都需要连接对应的内部设备，或者连接到机箱前面板跳线，对外提供接口。主板背部也就是机箱背面会提供一些已经集成的接口，如图4-43所示，下面对这些接口按照从左往右，从上到下的顺序进行讲解。

图 4-43

- BIOS清空按钮。
- 2×天线接口，可以购买天线后安装到该接口上。
- DP1.4和HDMI 1.4接口，主要用于CPU核显的输出。
- PS/2接口，用来连接PS/2接口的键盘和鼠标。USB 3.2Gen1接口也就是常说的 USB 3.0接口。
- 5+1音频输入输出接口。
- 2.5G网卡接口，USB 3.2Gen2接口。
- 千兆网卡接口，USB 3.2Gen1接口，USB 3.2Gen2接口。
- USB 3.2Gen1接口。

知识点拨

故障显示

现在的主板还配有DEBUG灯，如图4-44、图4-45所示，用来显示启动到哪一步出现了问题，或者显示出错代码。

图 4-44

图 4-45

4.3 主板的选购技巧

前面介绍了主板的接口，下面介绍选购主板的注意事项。

4.3.1 选购合适的芯片组

在选择了CPU后，就需要根据CPU的接口选择对应芯片组的主板。该步骤一定要慎重斟酌，一方面需要考虑适合的主板，否则与CPU不对应则无法使用；另一方面要考虑主板的接口和功能是否满足用户的需求。

例如选购了第10代的CPU，就必须选择接口为LGA 1200的400系列主板，如果选择300系列主板，该系列主板芯片组不支持第10代的CPU，接口的插槽插针也不一样。或者选购了400的B或H系列，就无法通过超频发挥K系列CPU的性能。

另外不同的主板对不同的内存提供的频率支持也不相同，如果需要超频，除了选择品质更好的内存条外，也要查看主板对内存频率的支持情况。

4.3.2 选购合适的型号

在确定了芯片组和厂家后，需要在该芯片组系列中选择合适的型号。因为厂家在对某一芯片组进行生产时，往往会根据市场要求推出多个型号，型号之间因为在配置及用料上的差异，会有很多名称。用户在选购时，一定要按照完整的型号名称进行比较。

例如华硕Z490，又分为华硕ROG STRIX Z490-A GAMING、PRIME Z490-P、ROG STRIX Z490-E GAMING、TUF GAMING Z490-PLUS、PRIME Z490M-PLUS等，价格可以相差几百元到几千元。虽然芯片组一样，但用料、提供的功能和接口不同，因此价格

也不同。用户在选购时一定要根据自己的需要，选择合适的型号。切勿为了一些不切实际的功能而花冤枉钱，如主打超频的主板，用户往往在更换机器前根本不会进行超频等操作，不如选择主流主板，而把节省的资金用于主机的其他方面。

4.3.3　板型的要求

板型首先要满足机箱大小的要求，买了小机箱，就不要考虑ATX的板型。另外需要查看板子上的接口够不够用，如组建SLI，就不能选择小板，起码要M-ATX板才可以。当然如果一些接口确实没有，可以通过购买转接卡来解决，但可能会损失一些性能。

4.3.4　比较用料

在比较主板时，主板做工是最主要的考察内容。用料的好坏直接关系到主板的稳定性及平台的兼容性。

主板电容是重点比较对象。电容在主板中的作用是保证电压和电流的稳定性，高品质电容有利于机器长期稳定工作。

主板电阻是主板上分布最广的电子元器件，承担着限压限流及分压分流的作用，并与其他元器件进行抗阻匹配与转换。常见的有贴片电阻、热敏电阻和贴片电阻阵列等。热敏电阻一般用来测量温度。在选购时注意观察电阻之间是否有直接用导线相连的痕迹，这样的主板有可能是工程样板，一般不建议用户进行选购。

注意事项 观察做工

好的主板在电路印制上十分清晰、漂亮。主板越厚往往说明用料越足。好的主板其PCB周围十分光滑。观察插槽、跳线部分是否坚固、稳定。购买后，可用专业软件进行主板的识别和测试，用以判断主板是否与当初的规划相符。

4.3.5　选择合适的主板品牌

现在的主板厂家较多，各芯片组也由各厂家推出了各种对应的主板。在选择主板厂家时，一方面要考虑自己的预算，在合理范围内，尽量选择有实力的大厂。

因为大厂在产品设计、材料选择、工艺控制、产品测试、运输、零售等都会严格把关，产品的品质也有保障。

4.3.6　售后服务

详细询问主板的售后策略及保修日期等，以判断是否适合，在购买时让商家开具正规发票，以便在出现问题时合法维权。

知识延伸：BIOS与CMOS

BIOS是英文Basic Input Output System的缩略词，即"基本输入输出系统"，是一组固化到计算机主板上的一个ROM芯片上的程序，保存着计算机最重要的基本输入输出程序、开机自检程序和系统自启动程序，其主要功能是为计算机提供最底层的、最直接的硬件设置和控制。主板上的BIOS芯片如图4-46所示。图4-47所示是老式的BIOS系统，图4-48所示是新式的UEFI图形化BIOS系统。

图 4-46

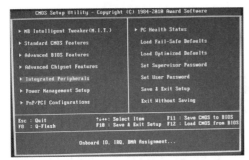

图 4-47

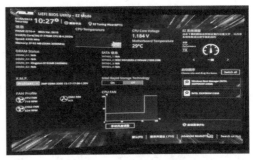

图 4-48

CMOS是计算机主板上一块可读写的RAM芯片，主要用来保存当前系统的硬件配置和操作人员对某些参数的设定。CMOS RAM芯片由系统通过一块后备电池供电，因此无论是在关机状态，还是遇到系统断电的情况，CMOS信息都不会丢失，所以BIOS相当于系统，而CMOS则是存储的BIOS的配置信息，这是两者的区别，不能混为一谈。

大家知道通过BIOS可以超频，如果失败有可能开不了机，有些情况可能会造成BIOS被修改无法进入BIOS，所以现在很多主板都使用双BIOS，如图4-49所示，可以通过"SB"开关设置当前使用单BIOS还是双BIOS模式，可以通过BIOS_SW开关设置当前是以哪个BIOS启动计算机，在BIOS出现问题的情况下可迅速切换。当前使用主BIOS还是备用BIOS启动计算机，可以通过主板的指示灯来查看。现在主板还自带微处理器，可以不使用CPU来刷新BIOS。

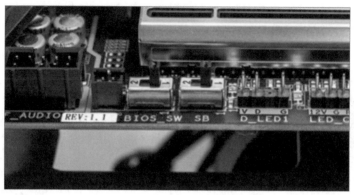

图 4-49

如果CMOS有问题，可以使用主板后部的"重置"按钮来清空COMS，也可以采取以下方案来清空。

拔下电源打开机箱，用工具取下电池，用一根导线或者经常使用的螺丝刀将电池插座两端短接，使CMOS芯片中的信息快速消除，如图4-50所示。现在的大多数主板都设计有CMOS放电跳线，以方便用户进行放电操作，这是最常用的CMOS放电方法。该放电跳线一般为三针，位于主板CMOS电池插座附近并附有电池放电说明。在主板的默认状态下，会将跳线帽连接在标识为"1"和"2"的针脚上，

要使用该跳线放电，首先用镊子或其他工具将跳线帽从"1"和"2"的针脚上拔出，然后再套在标识为"2"和"3"的针脚上连接起来。经过短暂接触后，就可清除用户在BIOS内的各种设置，恢复到主板出厂时的默认设置，如图4-51所示。

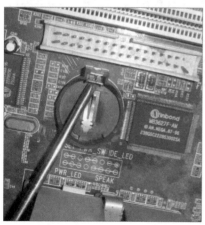

图 4-50

图 4-51

第**5**章
计算机的中转站——内存

如果CPU带有核显，CPU、主板加上内存，即可开机，也叫作最小化开机，所以内存是非常关键的硬件设备。本章将着重介绍内存的相关知识，包括内存的结构、代数、参数和选购知识。

5.1 内存简介

内存是计算机中重要的部件之一，是CPU与硬盘存储的数据之间沟通的桥梁。内存也被称为内部存储器，作用是暂时存放CPU中的运算数据，与硬盘等外部存储器交换数据供CPU使用。内存是CPU能直接寻址的存储空间，由半导体器件制成，特点是存取速率快。平常使用的程序都是安装在硬盘等外部存储上的，CPU不能直接使用硬盘中的数据和程序，必须先调入内存中运行，内存的性能会直接影响计算机的运行处理速度。

5.1.1 内存的组成

常见的DDR4内存外观如图5-1所示，主要由以下部分组成。

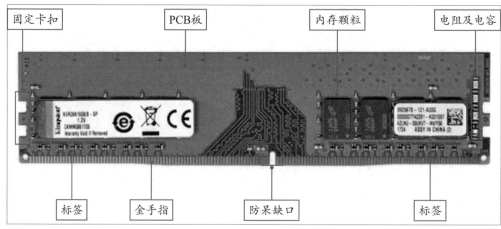

图 5-1

1. PCB 板

内存的基板为多层PCB印刷电路板。

2. 固定卡扣

与主板上的内存插槽两侧的卡子相对应，当内存压下后，主板卡扣弹起，扣紧该卡扣可固定内存条。

3. 标签

标签包含有内存的品牌、参数信息、防伪信息等，通过标签可以了解内存。

4. 金手指

金手指（Connecting Finger）是内存条上与内存插槽触点之间的连接部件，所有的信号都是通过金手指进行传送的。金手指由众多金黄色的导电触片组成，因其表面镀金且导电触片排列如手指状，所以称为"金手指"。

金手指是纯金吗？

金手指实际上是在覆铜板上通过特殊工艺再覆上一层金，因为金的抗氧化性极强，而且传导性也很强。不过因为金价格昂贵，目前较多的内存都采用镀锡来代替，主板、内存和显卡等设备的"金手指"几乎都是采用的锡材料，只有部分高性能服务器/工作站的配件接触点会继续采用镀金的做法，价格自然不菲。

5. 防呆缺口

与内存插槽的防呆设置对应，防止内存插反。在安装内存时，仔细观察，通过防呆缺口判断方向。

6. 电阻及电容

为了提高内存条的电气稳定性，使用了大量贴片电阻与电容，在保证电流的稳定性方面起了很大作用。

7. 内存颗粒

内存条上一块块的小型集成电路块就是内存颗粒。内存颗粒是内存条重要的组成部分，是内存存储数据的芯片。内存颗粒直接关系到内存容量的大小和内存品质的高低。一个好的内存必须有良好的内存颗粒作保证。不同厂商生产的内存颗粒品质、性能都存在一定的差异，常见的内存颗粒厂商有镁光、海力士、三星等。内存颗粒生产厂商或自己制造内存条，或将内存颗粒供应给内存条组装厂商进行生产。

SPD芯片

SPD芯片用来存储内存的标准工作状态、速度、响应时间等参数，是用来协调和计算机同步工作的一块可擦写的存储器。有些在内存的正面，有些在内存的背面，如图5-2所示。

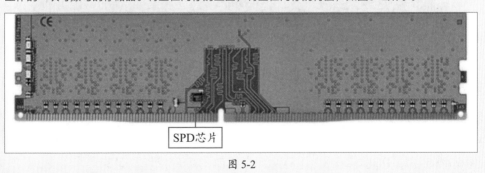

图 5-2

5.1.2 内存发展简史

从内存采用DDR规范标准到现在，经历了DDR、DDR2、DDR3、DDR4。

1. DDR

DDR是现在的主流内存规范，各大芯片组厂商的主流产品全部支持此规范。DDR全称是DDR SDRAM（Double Data Rate SDRAM，双倍速率SDRAM），如图5-3所示。DDR运行频率主要有100MHz、133MHz、166MHz三种，由于DDR内存具有双倍速率传输数据的特性，因此在DDR内存的标识上采用了工作频率×2的方法，也就是DDR200、DDR266、DDR333。其最重要的改变是在界面数据传输上，在时钟信号的上升沿与下降沿均可进行数据处理，使数据传输率达到SDR（Single Data Rate）SDRAM 的2倍。寻址与控制信号则与SDRAM相同，仅在时钟上升沿传送。

图 5-3

2. DDR2

DDR2（Double Data Rate 2）SDRAM如图5-4所示，与上一代DDR内存技术标准最大的不同是，虽然同是采用了在时钟的上升/下降沿同时进行数据传输的基本方式，但DDR2内存却拥有两倍于上一代DDR内存的预读取能力（即4b数据读取）。DDR2内存每个时钟能够以4倍外部总线的速度读/写数据，能够以内部控制总线4倍的速度运行。

图 5-4

由于DDR2标准规定所有DDR2内存均采用FBGA封装形式，FBGA封装可以提供更好的电气性能与散热性，为DDR2内存的稳定工作与未来频率的发展提供坚实基础。DDR2内存技术最大的突破点其实不在于用户所认为的两倍于DDR的传输能力，而是在采用更低发热量、更低功耗的情况下，DDR2可以获得更快的频率提升，突破标准DDR的400MHz限制。DDR2内存采用1.8V电压，相对于DDR标准的2.5V降低了不少，从而提供了更小的功耗与更少的发热量。

3. DDR3

DDR3如图5-5所示，相较于DDR2提供了更高的运行效能与更低的电压，是DDR2的后继者。

图 5-5

DDR3的预取为8b，其功耗反而可以降低，其核心工作电压从DDR2的1.8V降至1.5V，相关数据预测DDR3比DDR2节省30%的功耗，当然发热量也不需要担心。带宽和功耗而言，不但内存带宽大幅提升，功耗表现也比上一代更好。

4. DDR4

DDR4是现在主流的内存规格，如图5-6所示。DDR4达到了16b预取机制，同样内核频率下理论速度是DDR3的2倍；具有更可靠的传输规范，数据可靠性也进一步提升。

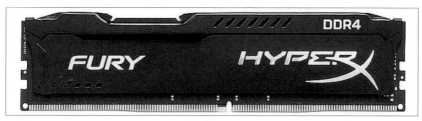

图 5-6

在速度方面，DDR4比DDR3更快：每次内存升级换代时，必须支持的就是处理器。DDR3内存支持频率范围为1066～2133Hz，而DDR4内存支持频率范围为2133～4000Hz。因此在相同容量的情况下，DDR4内存带宽更为出色。

在容量和电压方面，DDR4比DDR3功耗更低：DDR4在使用了3DS堆叠封装技术后，单条内存的容量最大可以达到DDR3产品的8倍之多。DDR3内存的标准工作电压为1.5V，而DDR4降至1.2V，为移动设备设计的低功耗DDR4更降至1.1V，工作电压更低，意味着功耗更低。

在外形方面，内存插槽不同：在外观上DDR4将内存下部设计为中间突出、边缘变矮的形状，在中央的高点和两端的低点以平滑曲线过渡。而DDR3和DDR4两种内存插槽的不同，也导致了并不是所有的主板都支持DDR4内存。

5.1.3 内存的工作原理

内存从CPU获得查找某个数据的指令，然后再找出存取资料的位置时（这个动作称为"寻址"），先定出横坐标再定出纵坐标，就好像在地图上画个十字标记一样，非常准确地定出位置。计算机还必须判读该地址的信号，横坐标有横坐标的信号，也就是RAS（Row Address Strobe）信号、纵坐标有纵坐标的信号也就是CAS（Column Address

Strobe）信号，最后再进行读或写的动作。

为了存储资料，或者从内存内部读取资料，CPU都会为这些读取或写入的资料编上地址，这时CPU会通过地址总线（Address Bus）将地址送到内存，然后数据总线（Data Bus）就会把对应的正确数据送往微处理器，也就是回传给CPU使用。

5.2 内存的参数及选购

通过内存的参数可以了解内存的性能，再结合其他因素，最终确定选购的产品。下面介绍内存的主要参数和选购技巧。

5.2.1 内存频率

内存主频和CPU主频一样，习惯上被用来表示内存的速度，代表着该内存所能达到的最高工作频率。内存主频是以兆赫（MHz）为单位来计量的。内存主频越高，在一定程度上代表内存所能达到的速度越快。内存主频决定着该内存最高能在什么样的频率正常工作。随着Intel 10代处理器的发布，I9和I7内存频率最高支持到2933MHz，I5和I3一般支持2666MHz。

1. 核心频率

核心频率一般有133MHz、166MHz、200MHz三种。

2. 工作频率

DDR内存的工作频率是核心频率的2倍，对应为266MHz、333MHz、400MHz。

3. 等效频率

等效频率其实是内存标签上标注的数值，DDR内存的等效频率是核心频率的2倍，DDR2是4倍，DDR3是8倍，DDR4暂定16倍。读者会发现这和预读字节的数字是一样的，而平时看到的内存条标签上的数值，例如1333、1600、2133、2400、2666、3000等是等效频率，是通过技术提升后的实际传输速率，CPU处理数据时，需要的内存性能也是看这个等效频率。

4. 工作模式

● **同步模式：** 该模式下内存的频率和CPU的外频是一致的，大部分主板采用了该模式。

● **异步模式：** 允许内存的工作频率与CPU的外频存在差异，让内存工作在高出或低于系统总线速度频率，或者按照某种比例进行工作。这种方法可以避免超频导致的内存瓶颈问题。

5. XMP

XMP的全称是Extreme Memory Profile，可以理解为一种便于内存超频的技术，是Intel于2007年推出的一项技术，目前在DDR4内存中广泛使用的是XMP 2.0，由Intel制订并负责认证工作。每一条XMP认证内存会有特定区域保存内存的超频数据，一般有XMP1和XMP2，可以理解成内存的预设配置文件。

内存XMP的主要作用是将内存频率超频，不过XMP在厂商设定的范围内，属于一种安全的超频，XMP相当于给内存写入了两套工作配置文件，开启BIOS中的XMP模式可让主板读取内存配置文件。例如内存标称频率3000MHz，那XMP模式就能让内存以3000MHz频率运行，无视CPU支持的内存频率，只要主板及内存支持即可，从而发挥内存应有的性能。XMP与手动超频效果基本无异，所以可将其看作内存的自动超频技术，十分适合新手的内存超频。

XMP超频很简单，只要在主板找到XMP选项，或者在超频选项中，找到并选择XMP，如图5-7所示，保存重启后，就会让内存工作在XMP许可的范围内，如图5-8所示。

图 5-7

图 5-8

注意事项 为什么在主板支持上有更高的频率，但没有对应的内存条销售

在有些主板参数中，可能会看到如图5-9所示的内容。

内存规格

内存类型 ⓘ	4×DDR4 DIMM
最大内存容量	128GB
内存描述 ⓘ	支持DDR4 4800(超频)/4700(超频)/4600(超频)/4500(超频)/4400(超频)/4266(超频)/4133(超频)/4000(超频)/3866(超频)/3733(超频)/3600(超频)/3466(超频)/3333(超频)/3200(超频)/3000(超频)/2933(超频)/2800(超频)/2666/2400/2133MHz内存

图 5-9

首先需要知道，决定CPU最终频率的因素有CPU支持的最大内存频率、主板支持的内存频率、内存本身的频率。默认参数本身是保证内存在该频率可以稳定运行的指标。

默认情况下，三者支持的最低频率决定内存的最终频率。例如CPU的最大频率是2666Hz，主板支持的频率也是2666Hz，如果购买了3000Hz的内存，那么内存最终频率是以2666Hz运行。如果购买了2400Hz的内存，最终频率以2400Hz运行。Intel的B系列主板和H系列主板不支持超频，所以如果购买了B或H系列主板，尽量按照内存及主板支持的内存频率来购买。

如果是超频的情况，需要选择Z系列的主板，此时内存频率的最终决定因素和CPU没关系，主要参考主板支持的频率。例如CPU频率是2666Hz，主板可以支持3000Hz，那么购买3000Hz的内存，最终内存的频率也是3000Hz，不受CPU支持频率的影响。当然如果主板最高支持频率不到3000Hz，也是无法达到内存最高频率的。如果内存频率是3000Hz，主板最高支持4000Hz，用户也可以尝试将内存的工作频率调到4000，设置本身是没有问题的，但内存能不能运行，能不能开机，能不能稳定运行，就要看内存的质量、散热、电压等其他因素。

手动超频比较麻烦，现在基本都使用XMP进行超频，效果与手动超频基本一样。只要内存频率大于CPU支持的频率，而且主板支持超频和XMP，就可以开启XMP并完全发挥出内存的性能。当然，如果内存质量好，还可以调成更高频率。

5.2.2　内存代数

现在使用的基本上都是DDR4内存，通过外观和防呆缺口，很容易分辨出来。

5.2.3　内存匹配

默认情况下内存的实际工作频率由CPU、主板和内存共同决定。如果购买了频率较高的内存，根据实际情况也会降频工作，所以不用担心会对计算机运行有什么影响，但比较浪费内存性能。所以建议不超频的用户，按照CPU和主板的支持情况，购买同样规格的内存。

5.2.4　内存容量

主机如果运行Windows 10系统，建议8GB起步，标配16GB，这样无论做什么都不会有内存瓶颈问题。游戏玩家建议16GB起步，对于大型游戏或者需要使用更专业软件

的用户，建议32GB。

5.2.5 双通道技术

在CPU芯片里设计了两个内存控制器，这两个内存控制器可独立工作，每个控制器控制一个内存通道。这两个内存控制器通过CPU可分别寻址、读取数据，从而使内存的带宽增加一倍，理论上数据的存取速度也相应增加一倍。

双通道平台组建双通道非常简单。将两条相同的内存插入主板相同颜色的内存插槽中，如图5-10所示，或者阅读说明书，查看哪两个插槽可以组建双通道。

图 5-10

注意事项 双通道内存的要求

组建双通道，尽量使用相同厂家、相同频率、相同颗粒的内存条，当然在购买时购买两条最好。现在很多内存条成对销售，如图 5-11所示。

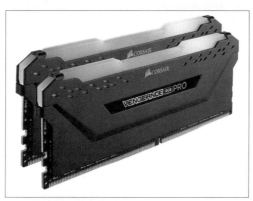

图 5-11

不同频率、不同容量、不同厂家的内存也能组成双通道，不同频率会按照最低频率的内存标准运行，不同容量的内存条按照低容量的标准来组成内存双通道。建议购买相同的内存是考虑到内存兼容性的问题。相同的内存产生兼容性冲突的情况非常少，但一旦产生问题，计算机就无法启动或者只能插一根内存启动，所以建议组建双通道的用户购买套装。

5.2.6　内存标签含义

内存标签如图5-12所示，标明该内存的相关参数。

图 5-12

该标签左侧的三行文字为产品的安全识别码、产品的序列号和内存ID信息。用户可以忽略不看。右侧上方1.2V说明该内存的标准供电为1.2V。产品型号编码的ASSY IN CHINA（2）表示在中国组装制造。最下面一行Warranly…是撕毁无效的意思。

KVR24N17S8/8是内存最重要的信息——产品型号编码。

● KVR：金士顿经济型产品，其他的如KHX是骇客神条，金士顿的高级超频专用内存等。

● 24：代表内存频率是2400Hz。其他数字还有21（2133Hz）、26（2666Hz）、32（3200Hz）等。

● N：代表无缓冲DIMM（非ECC），一般代表台式机使用。其他的还有S代表SO-DIMM，无缓冲（非ECC），一般代表笔记本电脑使用。

● 17：代表内存CL值为17。

● S8：代表内存材料为单面8颗内存颗粒。

● /8：代表该内存容量是8GB，如为8GX代表2条套装。

5.2.7　挑选内存的注意事项

和其他产品类似，大部分知名内存厂家都可以做到终身固保，所以用户对售后不用太过担心。在选择时，可以考虑以下生产厂商：金士顿Kingston，威刚ADATA，海盗船Corsair，三星SAMSUNG，宇瞻Apacer，芝奇G.SKILL，海力士Hynix，英瑞达Crucial，金邦GEIL等。关于内存颗粒，有些不良商家会使用回收的内存颗粒，经过打磨后，印上新的标识，假冒正常产品销售给用户，这种情况叫作打磨。正常的颗粒一般很有质感，会有荧光或哑光的光泽。如果颗粒表面色泽不纯，甚至比较粗糙、发毛，那么极有可能买到了打磨内存。

拿到内存后，查看电路板是否板面光洁，色泽均匀，元器件整齐划一，焊点均匀有光泽，金手指崭新光亮，没有划痕和发黑现象，电路板上应有厂家的标识。

RGB内存只是在马甲条上加了炫彩效果，对内存的性能并没有提升。

动手练 **通过软件查看内存的状态**

使用CPU-Z可以查看内存的相关信息。这里介绍另一款软件AIDA64，如图5-13所示，可以查看所有的计算机软硬件信息，包括CPU、主板、内存、显卡等，非常好用。

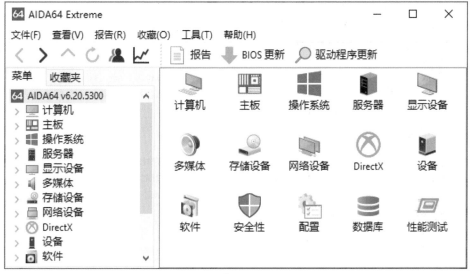

图 5-13

打开AIDA64软件，展开"主板"下拉列表，在列表中选择"主板"选项，可以查看当前内存总线的特性、频率、有效频率等，如图5-14所示。

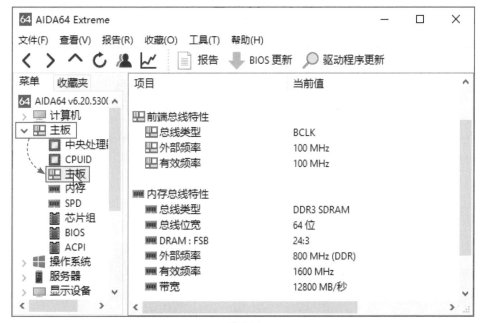

图 5-14

选择"内存"选项，如图5-15所示，可以查看内存的使用率和虚拟内存的使用
情况。

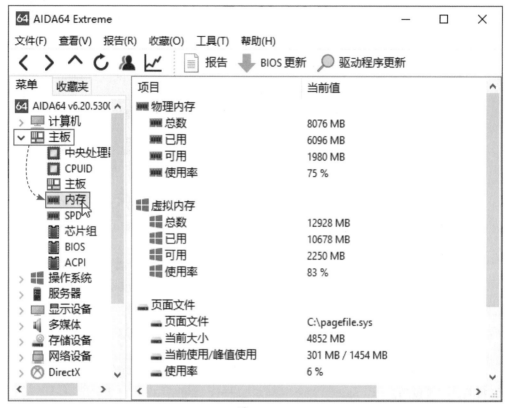

图 5-15

知识点拨

其他查看内存信息的方法

在"任务管理器"的"内存"板块中，也可以查看内存的相关信息。用户也可以使用CPU –Z命令进行查看，在"内存"和"SPD"选项卡中也可以查看内存的相关信息。用户可以自己动手去查看内存的信息，并核对这几个软件显示的数据是否相同。

知识延伸：内存颗粒的封装

前面介绍了CPU的封装，内存颗粒也是通过封装后才能使用。常见的封装方式有以下4种。

1. DIP 封装

20世纪70年代，芯片封装基本采用DIP（Dual ln-line Package，双列直插式）封装，如图5-16所示，此封装形式在当时适合PCB（印刷电路板）穿孔安装，布线和操作较为方便。

图 5-16

2. TSOP 封装

20世纪80年代，内存第二代封装技术TSOP出现，得到了业界广泛认可。TSOP是Thin Small Outline Package的缩写，意思是薄型小尺寸封装。TSOP内存是在芯片的周围做出针脚，采用SMT技术（表面安装技术）直接附着在PCB板的表面。TSOP封装方式中，内存芯片通过芯片针脚焊接在PCB板上，焊点和PCB板的接触面积较小，使得芯片向PCB板传热相对困难。而且TSOP封装方式的内存在超过150MHz后，会产生较大的信号干扰和电磁干扰，如图5-17所示。

图 5-17

3. BGA 封装

20世纪90年代随着技术的进步，芯片集成度不断提高，I/O针脚数急剧增加，功耗也随之增大，对集成电路封装的要求也更加严格。BGA是英文Ball Grid Array Package的缩写，即球栅阵列封装。采用BGA封装的内存，在体积不变的情况下内存容量提高2～3倍，BGA与TSOP相比，具有更小的体积、更好的散热性能和电性能，如图5-18所示。

图 5-18

4. CSP 封装

CSP（Chip Scale Package）意思是芯片级封装。CSP封装可以让芯片面积与封装面积之比超过1∶1.14，已经相当接近1∶1的理想情况，绝对尺寸也仅有32mm²，约为普通BGA的1/3。与BGA封装相比，同等体积下CSP封装可以将存储容量提高3倍，如图5-19所示。CSP封装内存体积小，厚度更薄，其金属基板到散热体的最有效散热路径仅有0.2mm，大大提高了内存芯片长时间运行的可靠性，芯片速度也随之得到大幅度提高。

图 5-19

第6章

计算机的仓库——硬盘

　　硬盘是计算机的主要存储设备，与内存断电后数据消失不同，硬盘的数据可以断电后长期保存。现在硬盘正处在机械硬盘向固态硬盘过渡时期，一般使用固态存储系统和软件，可以快速启动计算机和软件，偶尔安装少量大型游戏来加快游戏启动速度。机械硬盘用来存储各种文件和数据。本章将讲解硬盘的相关知识。

硬盘是计算机的主要存储设备。机械硬盘由一个或者多个铝制或者玻璃制的碟片组成，这些碟片外覆盖铁磁性材料。绝大多数硬盘都是固定硬盘，被永久性地密封固定在硬盘驱动器中，配备过滤孔用来平衡空气压力，如图6-1所示。

固态硬盘也叫固态驱动器（Solid State Disk或Solid State Drive，SSD），是用固态电子存储芯片阵列制成的硬盘。SSD由控制单元和存储单元（Flash芯片、DRAM芯片）组成。SATA接口的固态硬盘的外观如图6-2所示。

图 6-1

图 6-2

6.1.1 硬盘的结构及工作原理

首先介绍机械硬盘的结构及工作原理。

1. 机械硬盘的结构

机械硬盘属于传统硬盘，外壳采用不锈钢材质制作，用于保护内部元器件。通常在表面有信息标签，用于记录硬盘的基本信息。硬盘的反面如图6-3所示，安装有电路板和贴片式元器件。一般包括主轴调速电路、磁头驱动与伺服定位电路、读写电路、高速缓存、控制与接口电路等。主要负责控制盘片转动、磁头读写、硬盘与CPU通信。其中读写电路负责控制磁头进行读写，磁头驱动电路控制寻道电机，定位磁头；主轴调速电路控制主轴电机带动盘体以恒定速率转动。磁盘电路板主要有主控制芯片、电机驱动芯片、缓存芯片、硬盘BIOS芯片、晶振、电源控制芯片、贴片电阻电容、磁头芯片等。

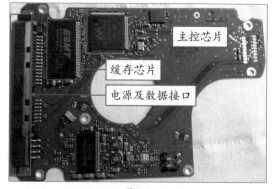

图 6-3

标签上标明了品牌、产品容量。反面的主控芯片如图6-4所示，是整个硬盘电路板上面积最大的芯片，控制着整个芯片协调工作，负责数据交换和处理，是硬盘的中央处理器。缓存芯片如图6-5所示，和内存条上使用的芯片作用一样，用来为数据提供暂存空间，提高硬盘的读写效率。目前常见的硬盘的缓存芯片容量有16MB、32MB、64MB。缓存容量越大，硬盘性能越高。

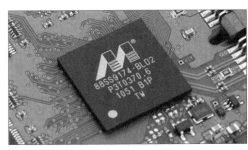

图 6-4

图 6-5

电机驱动芯片如图6-6所示，主要负责主轴电机和音圈电机的驱动。早期的硬盘，主轴电机驱动和音圈电机驱动由两个芯片完成，现在都已集成到一个芯片中，是硬盘电路板上工作负荷最大、最容易烧毁的芯片。BIOS芯片如图6-7所示，集成在主控制芯片中，其中的程序可以执行硬盘的初始化，执行加电和启动主轴电机、加电初始寻道、定位及故障检测等。硬盘的所有工作流程都与BIOS程序相关，BIOS不正常会导致硬盘误认、不能识别等故障现象。

图 6-6

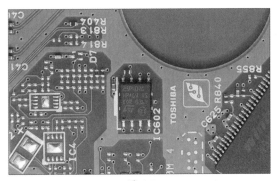

图 6-7

知识点拨

加速度感应器芯片

　　加速度感应器芯片用来感应跌落过程中的加速度，使电机停止转动，磁头移动到盘片外侧，以免磁头与盘体相撞造成损坏。

● **机械硬盘内部**：如图6-8所示，主要由磁盘、磁头、盘片主轴及控制电机、磁头控制器、数据转换器、接口、缓存等几部分组成。磁头可沿盘片的半径方向运动，盘片每分钟几千次高速旋转，磁头就可以定位在盘片的指定位置上进行数据的读写操作。信息通过离磁性表面很近的磁头，由电磁流改变极性的方式被电磁流写到磁盘上，信息可以通过相反的方式读取。硬盘作为精密设备，尘埃是大敌，所以进入硬盘的空气必须过滤。

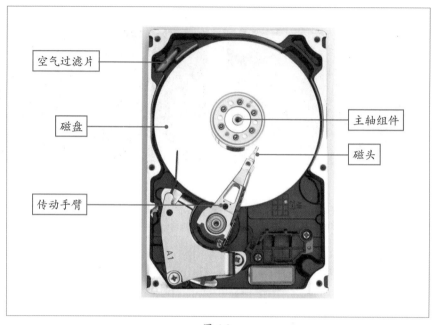

图 6-8

● **磁盘**：也就是盘片，硬盘的存储介质是以坚固耐用的材料为盘基，将磁粉附着在平滑的铝合金或玻璃圆盘基上。这些磁粉被划分成称为磁道的若干个同心圆，每个同心圆好像有无数个小磁铁，分别代表0和1的状态。当小磁铁受到来自磁头的磁力影响时，其排列方向会随之改变。

● **磁头**：磁头是在高速旋转的盘片上悬浮的，悬浮力来自盘片旋转带动的气流，磁头必须悬浮而不是接触盘面，避免盘面和磁头发生相互接触的磨损。

● **空气过滤片**：在磁盘外壳上有透气孔，透气孔的作用是在硬盘工作产生热量时平衡内外气压，而进出的空气需要通过空气过滤片过滤掉灰尘等杂质。

● **主轴组件**：由主轴电机驱动，带动盘片高速旋转，旋转速度越快，磁头在相同时间内对盘片移动的距离就越大，相应地也就能读取到更多的信息。

● **传动手臂**：以磁头臂传动轴为圆心，带动前端的读写磁头在盘片旋转的垂直方向移动。

2.固态硬盘的结构

除去固态硬盘的保护壳，就可以看到固态硬盘的全貌，如图6-9所示。

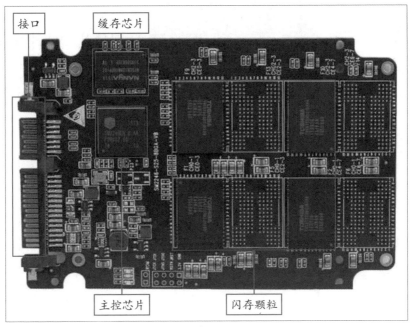

图 6-9

● **主控芯片**：整个固态硬盘的核心器件，其作用一是合理调配数据在各个闪存芯片上的负荷，二是承担整个数据中转，连接闪存芯片和外部SATA接口。

● **闪存颗粒**：在固态硬盘里面，替代机械磁盘成为存储单元。

知识点拨

内存颗粒

内存颗粒本质上是一种长寿命的非易失性（在断电情况下仍能保持所存储的数据信息）存储器，数据删除不是以单个字节为单位，而是以固定的区块为单位。按照存储原理，内存颗粒分为SLC、MLC、TLC、QLC，它们的区别可以参考知识延伸。

● **缓存芯片**：固态硬盘三大件中最容易被人忽视的一块。由于固态硬盘内部的磨损机制，导致固态硬盘在读写小文件和常用文件时，会不断进行数据的整块写入，然后导出到闪存颗粒，这个过程需要大量缓存维系。特别是在进行大数量级的碎片文件的读写进程，高缓存的作用更加明显。也就是为什么没有缓存芯片的固态硬盘在用了一段时间后会降速。

● **接口**：与主板连接的接口，常见固态硬盘使用的是SATA接口。

M.2接口固态硬盘的结构十分简单，与SATA接口固态硬盘一样，在电路板上，包含主控芯片、内存颗粒及缓存，如图6-10所示。

图 6-10

知识点拨

M.2固态硬盘

M.2指的是接口，原名为NGFF接口，标准名称为PCI Express M.2 Specification，是为取代原来基于MINI PCIE改良而来的msata固态硬盘。随着SATA接口瓶颈不断凸显，越来越多的主板厂商开始在自家产品线上预留M.2接口，主流的M.2接口有3种尺寸，分别是M.2 2242、M.2 2260、M.2 2280。

M.2接口可以同时支持SATA及PCI-E通道，后者更容易提高速度。这里需要注意的是，M.2的连接器有3种类型，称为Socket 1、2、3，Socket 1由于尺寸特殊，比较少用，Socket 2支持SATA和PCI-E X2通道，Socket 3则支持PCI-E X4通道。如果走SATA通道，传输速率就和SATA 6Gb/s一样，没有优势，如果走PCI-E通道，才能享受到超过SATA通道的高速。

3. 硬盘的工作原理

（1）机械硬盘的工作原理。

程序请求某一数据，CPU查看数据是否在高速缓存中，如果没有则查看是否在内存中。如果不在，将该请求发往磁盘控制器。磁盘控制器检查磁盘缓冲是否有该数据，如果有则取出并发往内存，如果没有，则触发硬盘的磁头转动装置。磁头转动装置在盘面上移动至目标磁道。磁盘电机的转轴旋转盘面，将请求数据所在区域移动到磁头下。磁头通过改变盘面磁颗粒极性来写入数据，或者探测磁极变化读取数据。硬盘将该数据回传给内存并停止电机转动，将磁头放置到驻留区。

（2）固态硬盘的工作原理。

固态硬盘在存储单元晶体管的栅（Gate）中，注入不同数量的电子，通过改变栅的导电性能，改变晶体管的导通效果，实现对不同状态的记录和识别。有些晶体管栅中的电子数目多与少，带来的只有两种导通状态，对应读出的数据就只有0或1；有些晶体管栅中电子数目不同时，可以读出多种状态，能够对应出00、01、10、11等不同数据。

6.1.2 固态硬盘的优缺点

固态硬盘虽然现阶段比较贵，但其性能和机械硬盘不是一个档次。

1.固态硬盘的优点

● **读写速度快**：采用闪存作为存储介质，读取速度相对机械硬盘更快。与之相关的还有极短的存取时间，最常见的7200转机械硬盘的寻道时间一般为12～14ms，而固态硬盘可以轻松达到0.1ms甚至更低。

● **防震抗摔性**：固态硬盘是使用闪存颗粒（即U盘等存储介质）制作而成，SSD固态硬盘内部不存在任何机械部件，即使在高速移动甚至翻转倾斜的情况下也不会影响正常使用，在发生碰撞和振荡时能够将数据丢失的可能性降到最小。

● **低功耗**：固态硬盘的功耗要低于传统硬盘。

● **无噪音**：固态硬盘没有机械电机和风扇，工作时噪音值为0dB。

● **工作温度范围大**：典型的硬盘驱动器只能在5℃～55℃范围内工作，而大多数固态硬盘可在-10℃～70℃工作。

● **轻便**：固态硬盘在重量方面更轻。

2.固态硬盘的缺点

● **容量**：固态硬盘最大容量为4TB。

● **寿命限制**：固态硬盘中的闪存颗粒具有擦写次数限制的问题，这也是被许多人诟病其寿命短的原因。闪存颗粒完全擦写一次叫1次P/E（Program/Erase），因此闪存的寿命就以P/E为单位。34nm的闪存芯片寿命约是5000次P/E，25nm的寿命约是3000次P/E。一款120GB的固态硬盘，要写入120GB的文件才算一次P/E。普通用户正常使用，即使每天写入50GB，平均2天完成一次P/E，3000次P/E也能用16.4年。

● **售价高**：相比较机械硬盘，固态硬盘在售价上不占优势。

6.2 硬盘的参数和选购

下面分别介绍机械硬盘和固态硬盘的主要参数和选购技巧。

6.2.1 机械硬盘的参数

机械硬盘的主要参数包括以下几项。

1.容量

容量是硬盘最主要的参数，机械硬盘现阶段的一大优势就是容量大。现在硬盘的容量以TB为单位，1TB=1024GB。但硬盘厂商在标称硬盘容量时通常取1TB=1000GB，因此在计算机中看到的硬盘容量会比厂家的标称值要小。

2.转速

转速（Rotation Speed 或Spindle Speed）是硬盘内电机主轴的旋转速度，也就是硬盘盘片在一分钟内所能完成的最大转数，是决定硬盘内部传输率的关键因素之一，在很大程度上直接影响硬盘的速度。硬盘的转速越快，硬盘寻找文件的速度也就越快，硬盘的传输速度也就得到了提高。转换的单位为rpm=r/min（Revolutions Per minute，转每分钟）。家用的普通硬盘的转速一般有5400rpm、7200rpm等，高转速硬盘是台式机用户的首选；而对于笔记本电脑用户则是4200rpm、5400rpm为主。

3. 传输速率

硬盘的数据传输速率是指硬盘读写数据的速度，单位为MB/s。硬盘数据传输率又包括内部数据传输率和外部数据传输率。一般7200r/min的硬盘，速度为90～190MB/s，具体速度还要看文件是大文件还是零散的小文件。

注意事项 **不是说SATA3接口可以到6Gb/s吗，怎么那么慢**

SATA3接口确实支持6Gb/s的速度，换算成MB，大约是750MB/s。但是接口速度这么快，不代表硬盘本身的速度就能达到这么快，尤其是机械硬盘。一般硬盘的速度大约在60MB/s～80MB/s。5400r/min的笔记本电脑的硬盘速度在50MB/s～90MB/s，而7200r/min的台式机硬盘速度为90MB/s～190MB/s。传输速度还可能根据传输文件的不同而变化。

普通的SSD固态硬盘，传输速度大约在500MB/s。而M.2接口固态硬盘和使用NMMe协议的固态硬盘，速度可以达到3000MB/s以上。

4. 缓存

当硬盘存取碎片数据时需要不断在硬盘与内存之间交换数据。缓存（Cache Memory）则可以将碎片数据暂存在缓存中，减小系统的负荷，也提高了数据的传输速度。

目前主流的硬盘缓存容量为64MB，硬盘标签一般会标识缓存容量的大小，用户在选购时需要注意观察判断。

5. 尺寸和接口

现在的台式机使用的是3.5英寸的机械硬盘，笔记本电脑使用的是2.5英寸的机械硬盘，如图6-11所示，而接口基本上都是SATA3接口，如图6-12所示。

图 6-11

图 6-12

6.2.2 固态硬盘的参数

常见的固态硬盘的参数如下。

1. 主控

固态硬盘的主控是基于ARM架构的处理核心。功能、规格、工作方式等都是该芯片控制的。作用同CPU一样，主要是面向调度、协调和控制整个SSD系统而设计的。主控芯片一方面负责合理调配数据在各个闪存芯片上的负荷，另一方面承担整个数据中转，连接闪存芯片和外部SATA接口。除此之外，主控还负责ECC纠错、耗损平衡、坏块映射、读写缓存、垃圾回收及加密等一系列功能。

2. 闪存颗粒

准确来说是NAND闪存。闪存中存储的数据是以电荷的方式存储在每个存储单元内，SLC、MLC及TLC就是存储的位数不同。单层存储与多层存储的区别在于每个NAND存储单元一次所能存储的"位元数"。一个存储单元上，一次存储的位数越多，该单元拥有的容量就越大，这样能节约闪存的成本，但随之而来的是可靠性、耐用性和性能都会降低。

3. 固件算法

SSD固件是确保SSD性能的最重要组件，用于驱动控制器。主控将使用SSD中固件算法中的控制程序来执行自动信号处理、耗损平衡、错误校正码（ECC）、坏块管理、垃圾回收算法、与主机设备（如计算机）通信、执行数据加密等任务。

4. 尺寸和接口

固态分为普通的SSD固态，大小为2.5英寸，接口为SATA3，如图6-13所示，还有M.2接口的固态，如图6-14所示。M.2接口的固态可以使用更高传输速度的PCI-E通道，所以比SATA3要快很多，已经逐渐成为主流。主流的M.2接口有3种尺寸，分别是M.2 2242、M.2 2260、M.2 2280。

图 6-13

图 6-14

第6章 计算机的仓库——硬盘

103

动手练 **使用检测软件查看硬盘的相关参数** ───────────────●

检测硬盘可以使用的软件很多，主要针对不同情况。

1. 基本信息查看

基本信息查看可以使用Crystal Disk Info软件，如图6-15所示，可以查看到硬盘的状态信息和通电时间等。

2. 检测固态硬盘速度

检测固态硬盘速度以及查看是否4K对齐，可以使用AS SSD Benchmark软件，如图6-16所示。

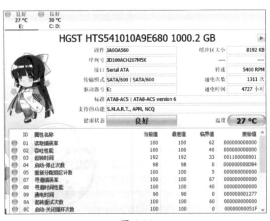

图 6-15　　　　　　　　　　　　　　　　图 6-16

3. 检测机械硬盘

可以使用软件HDtune的"错误扫描"功能来检查是否有坏道，如图6-17所示，使用"基准测试"功能来测试硬盘的读写速度，如图6-18所示。

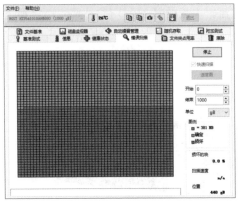
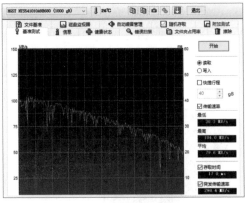

图 6-17　　　　　　　　　　　　　　　　图 6-18

计算机组装与维护标准教程（全彩微课版）

知识延伸：闪存颗粒的分类

闪存颗粒分为SLC、MLC、TLC和QLC几种。

（1）SLC（单层式存储）。

每个储存单元内存储1个信息位，称为单阶存储单元（Single Level Cell，SLC）。SLC闪存的优点是传输速度更快，写入数据时电压变化区间更小，功率消耗更低和存储单元的寿命更长，成本也就更高，但读写次数在10万次以上。一般情况下，SLC多用于企业级的固态硬盘中，由于企业对数据的安全性要求更高，需要保存更长时间。

（2）MLC（多层式存储）。

根据电压高低不同构建的双层电子结构，可以在每个存储单元内存储2个以上的信息位。与SLC相比，MLC成本较低，其传输速度较慢，功率消耗较高，存储单元的寿命较低。造价可接受，多用于民用高端产品，读写次数在5000次左右。

（3）TLC（三层式存储）。

这种架构的原理与MLC类似，可以在每个存储单元内存储3个信息位。由于存储的数据密度相对MLC和SLC更大，所以价格也就更便宜，使用寿命和性能也就更低。为了解决TLC颗粒过低的写入寿命，许多厂商都在研发新技术，3D-TLC就是这样的技术，目前已经比较广泛地应用在产品中，其性能甚至可以和MLC颗粒一较高下，使用寿命得到大幅度提升，大约1000～3000次。

（4）QLC（四层式存储）。

每个存储单元可以存放4b数据，相比TLC，存储密度又提升了33%，但是电压变化却有16种之多，导致可擦写寿命仅有100～150次，但够用且便宜。1TB硬盘，每天擦写100GB，寿命也将近3年。

4种闪存颗粒在存储数据时，SLC只有2种电荷变化，MLC有4种状态，TLC则有8种状态，QLC最高，有16种状态，如图6-19所示。

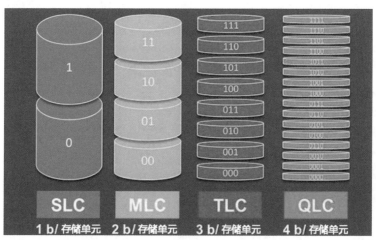

图 6-19

第 7 章

计算机的俏脸
——显卡和显示器

　　主机本身是没有显示功能的，必须要通过外部的显示器显示信息。而要产生并输出视频信号，就必须用到计算机的另一个关键组件——显卡。从价格的角度，计算机成本最高的两个组件，一个是CPU，另一个就是显卡。本章将着重介绍显卡和显示器的相关知识。

7.1　显卡简介

显卡（Video Card或Graphics Card）全称为显示接口卡，又称为显示适配器，是计算机最基本、最重要的配件之一，是负责输出显示任务的组件。Nvida最新的显卡RTX3090如图7-1所示。

图 7-1

7.1.1　显卡的结构

显卡也是耗电、发热大户，显卡表面是散热装甲，除去这层装甲，才能看到内部构造，如图7-2所示，主要包括显示芯片、显存颗粒、供电模块、供电接口、显示接口、SLI接口、PCI-E接口等组成。

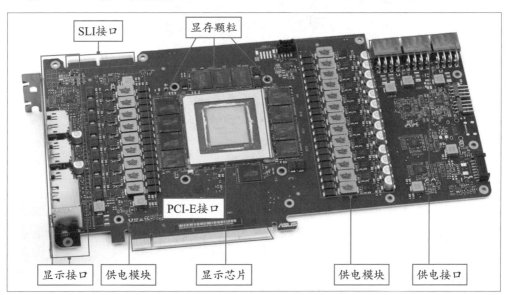

图 7-2

1. 显示芯片

显示芯片是显卡的核心芯片，就是通常所说的GPU（Graphic Processing Unit），相当于显卡的CPU，如图7-3所示，其性能高低直接决定显卡性能的高低，主要任务是处理系统输入的视频信息并对其进行构建、渲染等工作。不同的显示芯片，不论从内部结构、用料、架构还是性能，都存在差异，其价格差别也很大。

图 7-3

2. 显存颗粒

显存是显卡不可或缺的组成部分，作用在于缓冲和存储图形处理过程中必需的纹理材质及一部分图形操作指令。在整个显卡的缓冲体系中，显存的体积是最大的，大到只能将其独立到GPU芯片之外。作为缓冲体系中最重要的组成部分，显存就像是一个巨大的仓库，例如材质、指令，涉及显示的内容都能装进去，显存如图7-4所示，为板卡上的显存颗粒。该显卡使用了美光最新的GDDR6X显存颗粒，单颗为8Gb，显存位宽为32bit，因此需要在正反两面配备24颗才能组成24GB的总容量，速度提高到19.5Gb/s。

图 7-4

3. 供电模块

显卡是耗电大户，稳定的供电是显卡正常工作的前提。显卡规格不断发展，频率不断提高，性能越来越强，单项供电已经无法满足显示核心的需要，采用多相供电是降低显卡内阻及发热量的有效途径，同时还提高了电流的输入和转换效率，在很大程度上保证了显卡的稳定运行。另外为了保证电流的稳定性，采用了大量固态电容、电感和电阻，如图7-5及图7-6所示采用了22相供电。

图 7-5   图 7-6

知识点拨

数清供电相数

　　和CPU类似，显示核心的供电也由固态电容、封闭电感和MOSFET管组成。有些用户按照封闭电感确定供电相数，但不准确。应该根据MOSFET管的数目确定供电相数，如图7-7及图7-8所示，每项供电搭配的MOSFET为TI CSD95481RWJ(18相)和Onsemi NCP303151(4相)，有兴趣的用户可以数一下。

全封闭电感

MOSFET管

固态电容

TI CSD95481RWJ

Onsemi NCP303151

图 7-7   图 7-8

4. 供电接口

　　显卡本身的供电依靠PCI-E的功率已经无法满足，一般会从电源直接引入额外的供电，显卡的外接电源接口如图7-9所示，采用了3个8PIN的电源输入。

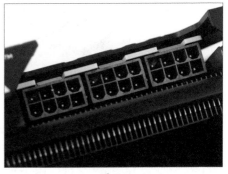

图 7-9

5. 显示接口

显卡对显示数据计算、渲染完成后，通过显示接口输出给显示器上显卡的显示接口，如图7-10所示，一般有HDMI接口（2.1）和DP接口（1.4）。

DP接口   HDMI接口

图 7-10

知识点拨

其他的视频接口

HDMI和DP接口是未来的主流接口，有些显卡还带有Type-C接口，前面几种都是数字信号接口，还有一种DVI接口也是数字信号接口，但因为体积的原因，应用越来越少，已经处在淘汰边缘，DVI接口如图7-11所示。还有一种模拟信号接口即VGA接口，已经淘汰，但在某些硬件上还可以看到该接口，如图7-12所示。

图 7-11   图 7-12

未来的显卡包括显示器都只有DHMI接口和DP接口，用户在挑选显示器时一定要注意。有些特殊情况，需要用到VGA或HDMI接口，可以购买转接器使用，图7-13所示为DP转DVI转接器，如图7-14所示为HDMI转VGA转接器。

图 7-13   图 7-14

6. SLI 接口

SLI接口是双显卡互联接口，是通过一种特殊的接口连接方式，在一块支持双PCI Express X 16的主板上，同时使用两块同型号的PCI-E显卡。SLI接口也叫SLI桥，一般在显卡上部，如图7-15所示，通过SLI桥将两块显卡连接，双显卡能提供更强的图像处理能力。

7. PCI-E 接口

PCI-E接口用于连接主板PCI-E插槽的接口，接入主板的PCI-E×16 3.0接口，数据总带宽为32GB/s。显卡与主板连接使用的是显卡的金手指，还可为显卡提供75W的电源供给。该接口主要用于显卡连接计算机主板、CPU、内存、硬盘等，是显卡数据的主要传输通道，如图7-16所示。

图 7-15

图 7-16

8. 散热系统

显卡的散热系统一般包括热管、风扇、外壳等，主要为显示芯片、显存进行有效散热。一般有底座+鳍片、热管+鳍片+风扇、水冷、液氮等散热系统。散热系统的好坏直接影响到显卡的稳定性，显卡散热如图7-17所示。

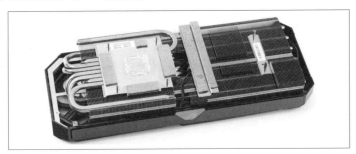

图 7-17

▍7.1.2 显卡的工作原理

显卡的工作原理分为4个步骤。

● **从总线进入GPU**：CPU通过PCI-E总线将数据送到GPU进行处理。

● **从显卡芯片组进入显存**：将芯片处理完的数据送到显存。

● **从显存进入随机读写存储数模转换器（RAM DAC）**：从显存读出数据再送到RAM DAC进行数据转换工作。如果是数字接口，则不需要经过数模转换，直接输出数字信号。

● **从DAC进入显示器**：将转换完的模拟信号送到显示屏。

7.1.3 显卡的主要参数和选购

挑选显卡时需要了解显卡的有关参数才能进行比较。下面介绍显卡的主要参数及技术指标。显卡的主要参数包括制造工艺、核心频率、显存位宽、显存容量等。

1. 制造工艺

通常其生产的精度以nm（纳米）来表示，精度越高，生产工艺越先进。在同样的材料中可以制造更多的电子元件，连接线也越细，提高芯片的集成度，芯片的功耗也越小。例如图7-2中的华硕ROG-STRIX-RTX3090-O24G-GAMING，使用的就是8nm的工艺。

2. 核心频率

显卡的核心频率是指显示核心的工作频率，其工作频率在一定程度上可以反映出显示核心的性能，但显卡的性能由核心频率、显存、像素管线、像素填充率等多个参数决定，因此在显示核心不同的情况下，核心频率高并不代表此显卡性能强劲。在同样级别的芯片中，核心频率高则性能要强，提高核心频率就是显卡超频的方法之一。显卡也可以超频，所以用户在挑选时，不仅要考察最高频率，还要查看显卡的默认工作频率，毕竟很多用户并不需要超频。华硕ROG-STRIX-RTX3090-O24G-GAMING的显卡显存频率以达到19500MHz。

3. 显存位宽

显存位宽是显存在一个时钟周期内所能传送数据的位数，位数越大则相同频率下所能传输的数据量越大，显卡显存位宽主要有256位、384位两种。显存带宽=显存频率×显存位宽/8，代表显存的数据传输速度。在显存频率相当的情况下，显存位宽将决定显存带宽的大小。

4. 显存容量

其他参数相同的情况下显存容量越大越好，但比较显卡时不能只注意显存（很多会以低性能核心配大显存做噱头）。选择显卡时显存容量只是参考之一，核心和带宽等因素的重要性高于显存容量。主流显卡显存容量从4GB～8GB不等。

5. 显存频率

显存频率是指默认情况下，该显存在显卡上工作时的频率，以MHz（兆赫兹）为单位。显存频率在一定程度上反映该显存的速度。显存频率随着显存的类型、性能的不同而不同。

6. 显存类型

和主机内存的类型类似，显存颗粒也划分代数，而且代数已经超过了内存，现在主流的一般是GDDR5、GDDR6及GDDR6X。

知识点拨

GDDR

GDDR是为了高端显卡特别设计的高性能DDR存储器，有专属的工作频率、时钟频率、电压，因此与市面上标准的DDR存储器有所不同且不能共用。一般比主内存中使用的普通DDR存储器时钟频率更高，发热量更小，所以更适合搭配高端显示芯片。

7. 流处理器

在DX 10时代首次提出了"统一渲染架构"，显卡取消了传统的"像素管线"和"顶点管线"，统一改为流处理器单元。这样在不同的场景中，显卡就可以动态分配进行顶点运算和像素运算的流处理器数量，达到资源的充分利用。

知识点拨

CUDA

CUDA（Compute Unified Device Architecture）是显卡厂商NVIDIA推出的通用并行计算架构，该架构使GPU能够解决复杂的计算问题。

随着显卡的发展，GPU越来越强大，而且GPU为显示图像做了优化。在计算上已经超越了通用的CPU。如此强大的芯片如果只是作为显卡就太浪费了，因此NVIDIA推出CUDA，让显卡可以用于图像计算以外的目的。

CUDA和流处理器是两个不同的概念，CUDA是一种运算架构，流处理器是一种硬件运算单元。实际应用中，CUDA架构中的运算可以调用流处理器。

现在的CUDA，配合CPU，在例如高清视频编码/解码、科学模拟运算等操作中提高运算效率和速度，也就是把显卡当CPU使用，充分利用计算机硬件资源。开启CUDA也很简单，用户只要安装了驱动，显卡就已经支持CUDA了，下一步就是下载对应的应用及在应用中开启CUDA支持。

8. 显卡的接口

前面也提到未来的显卡将以DP和HDMI接口为主，用户在选购显示器时，一定要带有这两个接口之一，否则需要购买转接卡，而且会有一定的转接损耗。

液晶显示器属于平面显示器的一种，用于计算机及电视的屏幕显示，传统的显示方式如CRT映像管显示器及LED显示板等，受制于体积或耗电量过大等因素，逐渐被淘汰了。

7.2.1 液晶显示器的组成

液晶显示器的外观如图7-18所示，由显示器外壳、液晶显示屏、功能按钮、支架组成。

图 7-18

液晶显示器内部由驱动板（主控板）、电源电路板、电源高压一体板（有些与电源电路板设计在一起）、视频输入接口、背光灯管供电接口、液晶屏排线及液晶面板等组成，如图7-19所示为液晶显示器内部组成。

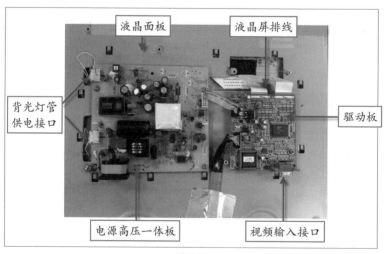

图 7-19

● **驱动板：**用于接收、处理从外部送进来的模拟信号或数字信号，通过屏线送出驱动信号，控制液晶板工作。驱动板上主要包括微处理器、图像处理器、时序控制芯片、晶振、各种接口及电压转换电路等，是液晶显示器检测控制中心。

● **电源电路板：**将90～240V交流电转变为12V、5V、3V等直流电，为驱动板及液晶面板提供工作电压。

- **电源高压一体板**：电源板的12V直流电压在背光灯管启动时，转换并提供1500V左右高频电压激发内部气体，然后提供600~800V，9mA左右的电流供其一直发光工作。
- **液晶面板**：主要由玻璃基板、液晶材料、导光板、驱动电路、背光灯管组成。背光灯管产生用于显示颜色的白色光源。
- **液晶屏排线**：用来为液晶屏传输信号的信号线。
- **背光灯管供电接口**：为液晶屏背光灯管供电的接口。
- **视频输入接口**：用来连接计算机显卡接口，用来接收信号的接口。

很多显示器将电源板和高压板的功能综合在一张集成电路板上，叫作电源高压一体板。

7.2.2 液晶显示器的主要参数和技术指标

液晶显示器的主要参数和技术指标有以下几项。

1. 分辨率

分辨率通常用水平像素点与垂直像素点的乘积来表示，像素数越多，分辨率就越高。因此，分辨率通常是以像素数来计量，例如640×480的分辨率，像素数为307200。

4K显示器

4K显示器是指具备4K分辨率的显示器。4K的名称来源于其横向解析度约为4000像素，分辨率有3840×2160和4096×2160两种超高分辨率规格。

2. 刷新率

刷新率就是显卡将显示信号输出的速度。60Hz就是每秒钟显卡向显示器输出60次信号。屏幕刷新率是屏幕在每秒钟能刷新的次数，单位是Hz，取决于显示器，例如在游戏中每秒能够绘制超过100帧的画面，但是由于显示器刷新率只有30Hz，只能"抓取"其中的30帧进行显示，最终所看到的画面也是30帧。屏幕刷新率越高，每秒内能看到的画面越多。

144Hz显示器

144Hz显示器特指每秒的刷新率达到144Hz的显示器。相对于普通显示器每秒60的刷新速度，画面显示更流畅。因此144Hz显示器比较适合于视角时常保持高速运动的第一人称射击游戏。大多数液晶显示器的屏幕刷新率只有60Hz，而对于专业的电竞选手，FPS（画面每秒传输帧数）必须达到100以上才会觉得连贯，而如果使用刷新率达到144Hz的显示器，就基本不会出现画面不连贯的现象，这也是为什么电竞显示器一定要支持144Hz的刷新率的问题。

3. 点距

点距指的是屏幕上相邻两个同色像素单元之间的距离，即两个红色（或绿色、蓝色）像素单元之间的距离，点距影响画面的精细程度。一般来说，点距越小，画面越精细，但字符也越细小；点距越大，字体也越大，轮廓分明，越容易看清，但画面会显得粗糙。如果使用笔记本电脑连接电视，会发现文字清晰度不如笔记本电脑显示器清楚，就是因为虽然分辨率达到了，但是电视的点距大于笔记本电脑显示器，所以显示得不细腻。如果想把电视做成和计算机显示器一样精细，成本会特别高，而且也没有必要。

4. 接口

前面提到显卡未来只有DP和HDMI接口，所以在选择显示器时，尽量选择有该接口的显示器。

5. 亮度

亮度是指画面的明亮程度，单位是堪德拉每平米（cd/m^2），或称为nits。目前提高亮度的方法有两种，一种是提高面板的光通过率；另一种就是增加背景灯光的亮度，即增加灯管数量。

较亮的产品不见得就是较好的产品，显示器画面过亮常常会令人不适，一方面容易引起视觉疲劳，同时也使纯黑与纯白的对比降低，影响色阶和灰阶的表现。亮度的均匀性也非常重要，亮度均匀与否，和背光源与反光镜的数量及配置方式息息相关，品质较佳的显示器，画面亮度均匀，无明显的暗区。

6. 对比度

对比度是定义最大亮度值（全白）与最小亮度值（全黑）的比值。对一般用户而言，对比度能够达到350：1就够了。不过随着近些年技术的不断发展，如华硕、三星、LG等一线品牌的对比度普遍都在800：1以上，部分高端产品则能够达到1000：1，甚至更高。

7. 其他需要注意的参数

例如可视角度，一般在170° 左右。曲面显示器比普通显示器有更好的体验，可以避免两端视距过大，曲面屏幕的弧度可以保证眼睛的距离均等。

动手练 使用软件查看显卡的参数

显卡检测软件最常用的是GPU-Z。GPU-Z是一款轻量级显卡测试软件。绿色免安装，界面直观，运行后即可显示GPU核心及运行频率、带宽等，如同CPU-Z一样，也是一款硬件检测的必备工具。

打开GPU-Z软件，如图7-20所示。从中可以查看主要的参数，包括名称、工艺、发布日期、总线接口、总线位宽、显存类型和大小、显存带宽、驱动版本、GPU的频率、显存频率、计算机支持的能力和采用的技术等。

在"传感器"选项卡中，可以查看当前显卡的实时状态，如图7-21所示。

图 7-20

图 7-21

用户也可以使用第三方软件，如计算机管家的"硬件检测"功能来查看当前计算机显卡的参数，如图7-22所示。

图 7-22

知识延伸：显示器的面板类型特点和应用

现在的显示器基本都是LCD液晶显示器，有TN、IPS和VA三种面板。

1. TN 面板

TN面板的优势在于输出灰阶级数较少，液晶分子偏转速度快，响应时间容易提高，几年前能做到5ms以内的只有TN屏幕，近些年提高到了1ms，甚至0.4ms，对于重度游戏爱好者是很好的选择，很多高达240Hz刷新率的显示器使用的都是TN面板。缺点是画面色彩比较差和可视角度小，色彩差会出现屏幕颜色泛白，可视角度小就是当偏离了中心看屏幕时会出现明显的色偏和亮度差别，所以这类屏幕主要是用于游戏电竞选手，对于日常办公使用不适合。TN面板属于软屏，只要用手轻轻划会出现类似的水纹。

2. IPS 面板

IPS面板可以说是TN面板的升级版，是很多厂商首选的面板。IPS面板是把控制液晶的电场方向从原来的纵向转换成横向，使液晶分子不管在加电还是不加电的情况下都与屏幕平行，而且在结构上进行了优化，最终使屏幕的可视度达到178°。优势是其画面色彩强，可视度广，缺点是会出现漏光现象。不过只会在纯黑色的屏幕画面下才会看得到，所以只要漏光不是很严重就可以接受。

IPS又可细分为S-IPS、H-IPS、E-IPS等，所以有些IPS面板卖得很便宜，但是也需要了解是哪个类型，其排名是P-IPS＞H-IPS＞S-IPS＞AH-IPS＞E-IPS，排名越低的面板越差。

3. VA 面板

VA面板主要用于曲面屏幕，优点是有着高对比度，是三种面板中最高的。黑色更纯粹，画面层次感更强，漏光情况基本没有；缺点是响应时间略差，玩FPS类游戏有可能出现拖影的情况，VA面板主要是针对喜欢大屏、影音的用户。

第8章

计算机的心脏和骨骼
——电源和机箱

电源不能直接提升计算机的性能，无法计算、无法存储，却是计算机的动力核心，所有设备都需要供电，电源的稳定性直接决定计算机工作的稳定性。尤其在使用大功率的CPU、显卡及超频的情况下，电源的地位更是越发重要。计算机机箱是安放所有内部组件的设备，可以组建良好的风道，可以隔离辐射，还可以彰显个性。本章就向读者详细介绍这两个组件。

这里的电源指的是计算机中的电源。计算机电源是计算机的供电枢纽，是计算机重要的组成部分。计算机中的设备无法直接使用220V的交流电，需要通过计算机电源将其转换成12V、5V、3.3V的直流电才能使用。常见的全模组电源如图8-1所示，使用的电源线如图8-2所示。

图 8-1

图 8-2

8.1.1 电源的主要输出接口

电源的输出接口主要有以下几种。

1. 24PIN

24PIN主要作为主板供电的专用接口，如图8-3所示。

2. 4+4PIN

CPU的供电接口，有些需要两组4+4PIN，如图8-4所示。可以拆成两个4PIN，所以叫作4+4PIN。有些也以8PIN整体存在，需要和6+2PIN区分开。

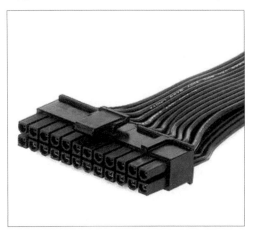

图 8-3

图 8-4

3. 6+2PIN

6+2PIN是显卡独立供电插孔。因为也是8PIN，所以为了区分，做成6+2PIN的构造，如图8-5所示。

4. SATA 供电口

SATA供电口主要为SATA设备，如硬盘供电的接口，如图8-6所示。

图 8-5

图 8-6

5. D 型电源接口

D型电源接口也叫作大4PIN接口，如图8-7所示。主要为机箱风扇或者其他的设备提供供电接口。

图 8-7

知识点拨

接口转接线

常见的电源直接输出的接口就是以上几种。其他的电源接口或者默认的电源接口不够用时，通常会使用转接线，将多余的用不到的接口转换成缺少的电源接口，图8-8所示是双大4PIN转8PIN显卡电源接口。用户尽量按照当前的需求购买接口齐全的电源，这也是为了满足功率和安全的要求。

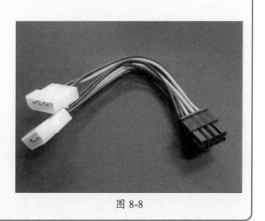

图 8-8

▌8.1.2　查看电源标签

电源的标签如图8-9所示，用来显示电源的一些参数。其中直流输出显示电源各路的输出电压、该电压中的电流数、各电压可输出的最大功率及总的额定功率。图8-9下方是该电源的各种认证标志。

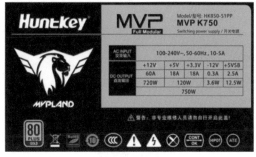

图 8-9

▌8.1.3　电源的主要参数和技术指标

电源的挑选需要了解电源的主要参数和技术指标等知识。

1. 额定功率

电源实际工作时，输出功率并不一定等同于额定功率，而是上下浮动的。额定功率代表电源在正常温度、电压等条件下，稳定工作所能达到的最大功率，是选购计算机电源的关键参数。图8-9中，750W就代表该电源的额定功率。

2. 峰值功率

峰值功率指电源短时间内能达到的最大功率，通常仅能维持几秒到几十秒。峰值功率其实没有什么实际意义，因为电源一般不能在峰值输出时稳定工作，该值一般供用户参考，没有实际意义。如图8-9中，各电压输出的最大功率相加就是该电源的峰值功率，大约是856.1W，比额定功率多14%，在合理范围内。

3. 功率转换因数

计算机电源要将交流电转换成直流电输出这个功率，中间是有损耗的，也就是存在转换效率的问题。转换效率越高，电源自身的电能损耗就越低，而80PLUS认证标准就是用来反映电源转换效率等级的标准。通过80PLUS金牌认证的电源，最高转换效率可突破90%，而最低转换效率也超过了80%，可以说是相当省电了。

80PLUS认证的缺陷

80PLUS认证存在明显的局限性，不能够成为评判电源整体性能的标准，厂商把通过80PLUS认证作为一个优势或者卖点的做法其实更多的是给自己贴金。这并不是说80PLUS认证没有任何意义，毕竟能通过80PLUS认证，电源的设计和用料绝对是合格的，也算是对电源质量有一定的保证，只不过通过80PLUS金牌认证的电源可不一定是金牌电源。

4. 静音与散热

静音与散热效果其实都取决于风扇转速。风扇转速越低越静音，但散热性能越差；风扇转速越高噪音越高，散热性能越好。前文提到损耗的10%～20%的电能就变成了热量，所以转化率越高，散发的热量相对就少。电源不需要散发那么多热量，风扇转速也可以降低，静音也就随之而来。

5. 全模组电源

非模组电源是指所有的线缆已经事先安装在电源上，无法移除；而半模组电源的一部分不用的线缆可以被移除；至于全模组电源，每一组线缆都可以按照用户的需求移除。全模组电源的好处在于可以根据用户需要进行取舍，使机箱更整洁。而且更换全模组电源不需要拔设备端的接口，只要拔电源上线缆的接口即可，十分方便。而且线缆可以使用网上的订制线，突出个性。

无论用户选择哪种模组，一定要根据主板、显卡、SATA设备的接口来统计需要哪些接口，各有多少个，然后再根据统计结果选择满足这些条件的电源。

8.2 机箱简介

计算机的内部组件需要安装在机箱中。机箱还有隔绝电磁辐射、构建散热风道的作用。现在的机箱侧面板都是透明的，可以配合组件的RGB灯光特效，打造出独具特色的炫彩主机。

8.2.1 机箱的分类

机箱按照大小可以分为标准的ATX机箱（如图8-10所示）、MATX机箱（如图8-11所示）以及ITX机箱（如图8-12所示），分别对应了三种主板，大机箱可以兼容小主板。

图 8-10   图 8-11   图 8-12

8.2.2 机箱的主要参数和技术指标

机箱的好坏需要考察以下参数和技术指标。

1. 机箱材质

常见的机箱材质有以下几种。

（1）钢制机箱。

机箱材质中最常见的就是钢，如图8-13所示。市面上七成以上的机箱是钢材质。钢机箱使用镀锌SECC钢板，优点是成本较低，但对比其他板材如镀锌钢箱质感稍差。镀锌SECC钢板比较重，机箱板材普遍只能维持在0.6～0.8mm，一些优质产品会达到1.2mm以上，在一些潮湿环境下长时间使用，镀锌SECC钢板有生锈的危险。大多数高档机箱都不使用钢材质，不过也有极少数高级产品使用不锈钢材质打造。推荐0.8mm起步，最好在1.2mm以上。

（2）铝制机箱。

优质的铝材料强度是可以超过钢材质的，如图8-14所示。不过铝这种材料相对而言售价不菲，机箱内外使用全铝打造的价格也会比较高，一般都在千元以上，入门级产品少之又少。铝制机箱最大的好处就是质感，钢制机箱和铝制机箱相比后者的质感要好许多，这里面不仅有材质本身质感的原因，还因为铝比钢要轻得多。同样重量的钢箱和铝箱，钢只能使用0.8mm板材，而铝可以用到3mm以上的板材。不仅质感明显，整个机箱的刚性也得到了保证。一些机箱会在顶部和前面板使用厚度为8mm以上的板材，用料可谓不计成本。对普通用户推荐3mm左右厚度的产品，前面板和顶部可考虑6mm左右厚度。

图 8-13

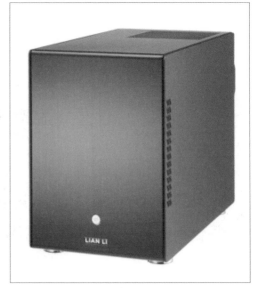

图 8-14

计算机组装与维护标准教程（全彩微课版）

（3）复合材料。

随着DIY配件越来越讲究美观，机箱板材逐渐透明化。先是一些有机玻璃侧板产品盛行，之后逐渐过渡到整张钢化玻璃作为全侧透机箱，最近甚至还有不限于侧板、整个机箱外部板材全部使用钢化玻璃，只用钢管作为骨架的可视化机箱。不过钢化玻璃推荐使用4mm以上厚度的产品，保证机箱板材在遭遇箱体忽冷忽热、室温变化时不会发生钢化玻璃破裂的危险。普通的侧透视机箱如图8-15所示，全钢化玻璃机箱如图8-16所示。

图 8-15

图 8-16

2. 机箱的布局

机箱布局要支持用户购买的所有硬件产品的安放，尤其购买了MATX和ITX机箱的用户，一定要注意显卡的尺寸，否则可能安放不进去。还有一些专业的水冷设备，因为机箱的大小直接关系到管线的排布和散热器的安装，如图8-17所示，一定要满足这些设备的尺寸要求。其他的3.5英寸和2.5英寸硬盘的安装位置，可扩展槽数量等，都需要考虑。

对于背板走线通常留有1.5cm的空间供走线使用，如图8-18所示。

图 8-17

图 8-18

3. 良好的风道

现在的CPU和显卡发热量都很大，不仅需要散热器本身散热性能强劲，而且如何将这些热量排出机箱外，也需要考虑。不仅需要机箱风扇本身强劲，还需要通过机箱组建良好的风道，前面板进风顺畅，上、后排风顺利，且风道可以覆盖大范围的主板，并能带走其他散热器散发的热量，如图8-19所示。必要的情况下，可以为机箱的进出风位置加装机箱风扇。RGB风扇深受广大玩家的喜爱，如图8-20所示。

图 8-19   图 8-20

动手练 动手计算计算机功率

扫码看视频

读者可以到航嘉的官网的功率计算器页面中，选择自己使用的配件和数量，通过计算，可以大致判断应该选购的电源额定功率，如图8-21所示。

功率计算器					
您选择的电脑配件的总功率为：**532.80W**					
配件名	+12V Combine	+12V2	+5V	+3.3V	总功率
CPU	0.00	10.42	0.00	0.00	125.04
主板	2.50	0.00	0.00	0.00	30
内存	0.00	0.00	0.45	0.00	2.97
显卡	29.17	0.00	0.00	0.00	350.04
硬盘	0.35	0.00	0.00	0.00	4.2
CPU风扇	0.40	0.00	0.00	0.00	4.8
机箱风扇	0.25	0.00	0.00	0.00	12
USB移动设备	0.00	0.00	0.50	0.00	2.5
键盘	0.00	0.00	0.25	0.00	1.25

图 8-21

知识延伸：实时计算机性能监测

计算机的性能随着应用情况不断变化，可以使用Windows 10自带的计算机性能监测软件实时监测各硬件的使用状态和利用率等信息。

Step 01 使用Win+G组合键打开工具选择界面，如图8-22所示。

Step 02 拖动"性能"卡片到桌面右上角，单击"固定"按钮，如图8-23所示。

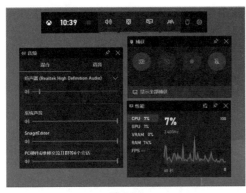

图 8-22

图 8-23

Step 03 单击"固定"按钮左侧的"性能选项"按钮，可以在弹出的"性能选项"界面设置透明度（如图8-24所示）以及检测的内容（如图8-25所示）。

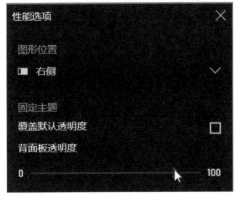

图 8-24

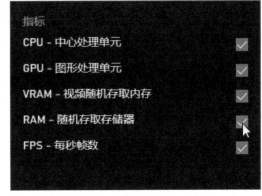

图 8-25

返回到桌面，就可以查看当前的CPU、显示核、显存和内存的使用率和近期的变化曲线图，非常方便。

注意事项 **组合键没反应**

如果按组合键没反应，用户可以到"设置"→"游戏"中打开"Xbox Game Bar"，如图8-26所示。

> 为录制游戏剪辑、与朋友聊天和接收游戏邀请等操作启用 Xbox Game Bar。(某些游戏需要 Xbox Game Bar 才能接收游戏邀请。)
>
> ⬤ 开

图 8-26

第9章

计算机的嘴巴
——声卡和音箱

　　和显示器显示视频信号类似，计算机要发出声音，靠的是产生声音数据的组件——声卡，及发出声音的设备——音箱。现在计算机的声卡主要由集成在主板上的声音芯片及主板的音频输出接口构成。如果用户想要享受到高品质的声音或者完成更复杂的声音采集，就需要配备一块独立的或者外置声卡。本章将着重介绍声卡和音箱的相关知识。

9.1 声卡的类型

声卡种类大致分为三种：集成式、板卡式和外置式。

9.1.1 集成式声卡

这类声卡集成在主板上，是硬件厂商为降低计算机成本而推出的产品，具有不占接口、成本低、兼容性好等优势，适合对声音效果要求不高的用户。不过随着集成声卡的技术不断进步，具有多声道、低CPU占用率等优势的集成声卡也相继出现，且逐渐占据了中、低端声卡的主导位置。声卡芯片如图9-1所示，前置音频接口使用不同的音频放大芯片，如图9-2所示。

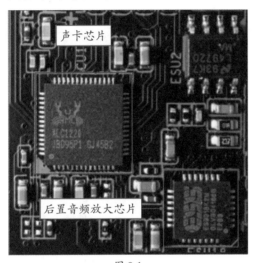

图 9-1

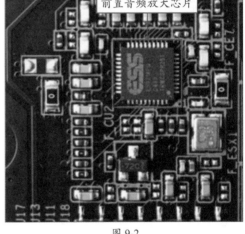

图 9-2

知识点拨

音频放大芯片

音频放大芯片把来自信号源的微弱电信号进行放大以驱动扬声器发出声音，其作用类似于功放。

9.1.2 板卡式声卡

板卡式声卡独立于主板，也是一块小型电路板，包含声卡芯片的可输出接口，用于接入计算机，如图9-3所示。

图 9-3

早期的板卡式声卡多采用ISA接口，随后被PCI接口所代替。现在的板卡式声卡大都是PCI-E的接口，如图9-4所示。

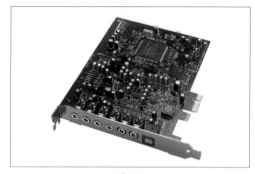

图 9-4

板卡式声卡和集成式声卡的区别

与集成式声卡相比，板卡式声卡拥有更多的滤波电容及功放管，经过数次的信号放大及降噪，使得输出音频的信号精度提升，所以在音质输出方面效果要好。板卡式声卡因受到整个主板电路设计的影响，电路板上的电子元器件在工作时，容易形成相互干扰及电噪声增加，而且电路板也不可能集成太多的多级信号放大元件及降噪电路，所以会影响音质信号的输出。另外板卡式声卡有丰富的音频可调功能，可根据用户的不同需求进行调整，集成式声卡在主板出厂时就已经设定了默认的输出参数，不可随意调节，多数是软件控制，所以不能满足一些用户对音频输出的特殊要求。

9.1.3 外置声卡

外置声卡也称为USB声卡，是一种通过PCI、ISA、PCI-E等接口与主板相连的声卡，如图9-5所示。

图 9-5

现在流行一种直播使用的声音处理设备，可以将话筒、电子乐器、计算机等声音输入到手机中，用于现场直播、演唱歌曲、录制歌曲时使用，还可以增加特效、变声等功能，如图9-6所示。具有接口丰富、音色可调、音频信号清晰稳定、音质细腻饱满等优点，比直接用耳麦的音质好很多，当然价格也不菲。

图 9-6

计算机组装与维护标准教程（全彩微课版）

9.2 声卡的常见参数

在挑选声卡时需要了解一些声卡的参数。

9.2.1 声卡的接口尺寸

声卡的接口尺寸常见的有3.5mm立体声接口、6.35mm接口、RCA接口等。

1. 3.5mm 立体声接口

计算机机箱和主板背部、耳机等使用的都是3.5mm立体声接口，又称为小三芯接口，如图9-7、图9-8所示，具有成本低、音质高的特点，但长期使用容易产生接触不良的问题，另外抗干扰性和立体声分离程度低。

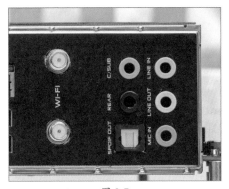

图 9-7

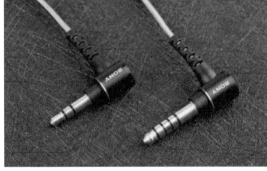

图 9-8

2. 6.35mm 接口

6.35mm接口多用于专业设备中，也叫作大三芯接口或者6.5mm接口，具有结构强度高、耐磨损等优点，非常适合需要经常插拔的专业场合。此外，由于内部隔离措施比较完善，因此该接口的抗干扰性能比3.5mm接口好，如图9-9所示。

3. RCA 接口

RCA接口又称为莲花口，通过颜色区分不同的声道，如图9-10所示。

图 9-9

图 9-10

4. SPDIF 接口

SPDIF接口属于数字接口，可以传输数字信号，减少干扰和失真，音质也更好。SPDIF又分为同轴和光纤两种接口，如图9-11、图9-12所示。

图 9-11

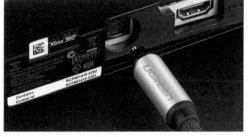

图 9-12

▌9.2.2 声卡的常用技术指标

声卡的常用技术指标有以下几个。

1. 信噪比

信噪比是声卡抑制噪声的能力，单位是分贝（dB），是有用信号的功率和噪声信号的功率的比值。信噪比的值越高说明声卡的滤波性能越好。更高的信噪比可以将噪声减少到更低程度，保证音色的纯正优美。

2. 频率响应

频率响应是对声卡D/A（数字/模拟）与A/D（模拟/数字）转换器频率响应能力的评价。人耳的听觉范围为20Hz～20kHz，声卡只有对这个范围内的音频信号响应良好，才能最大限度地重现声音信号。

3. 总谐波失真

总谐波失真代表声卡的保真度，也就是声卡输入信号和输出信号的波形吻合程度。在理想状态下的声波完全吻合即可实现100%的声音重现。但是信号在经过D/A转换器和非线性放大器之后，必然会出现不同程度的失真，原因便是产生了谐波。总谐波失真便代表失真的程度，单位是dB，数值越低说明声卡失真越小，性能也越好。

4. 复音数量

复音数量代表声卡能够同时发出多少种声音。复音数量越大，音色越好，可以听到的声音就越多、越细腻。

5. 采样位数

声卡在采集和处理声音时，所使用的数字信号的二进制位数。采样位数越多，声卡记录和处理声音的准确度就越高，该值反映数字信号对模拟信号描述的准确程度。

6. 采样频率

采样频率指计算机每秒采集声音样本的数量。标准的采样频率有11.025kHz（语音）、22.05kHz（音乐）和44.1kHz（高保真）。采样频率越高，记录声音的波形就越准确，保真度就越高，但采样产生的数据量也越大，要求的存储空间也越多。

7. 多声道输出

早期的声卡只有单声道输出，后来发展到左右声道分离的立体声输出。随着3D环绕音效技术的不断发展和成熟，又陆续出现了多声道输出声卡。目前常见的多声道输出主要有2.1、4.1、5.1、6.0、7.1声道等多种形式。

9.3 音箱和耳麦

早期配置计算机，音箱是必不可少的外部设备。随着团队语音和直播的发展，尤其是沉浸式游戏的出现，带来的震撼感是音箱无法满足的，所以既有麦克风又有3D声音效果的耳麦逐渐成为了标配。本节主要介绍音箱和耳麦的一些知识。

9.3.1 音箱简介

计算机的音箱如图9-13所示，一般由左右扬声器和一个低音炮组成。

在音箱的背部有电源线、音频线接口。通过音频线连接到计算机、手机、MP3等音源设备的3.5mm音频输出接口，就可以播放声音。

图 9-13

9.3.2 音箱的主要参数

和声卡类似，音箱也有一些重要的技术参数。

1. 功率

音箱的耗电量、功率决定了音箱声音的大小。

2. 音色、失真、灵敏度

这几个参数的重要程度因人而异，用户可以在试用时聆听实际效果。

9.3.3 耳麦

耳麦（如图9-14所示）既可以播放计算机声音，也可以将用户的声音通过麦克风传输到计算机里。耳麦最大的优势是沉浸式体验非常好，而且可以语音交流，也不会干扰其他人。

图 9-14

现在比较主流的耳麦支持虚拟7.1声道，是需要准确辨位的FPS游戏的必备品，通过USB接口即插即用，可以自主调节游戏模式，麦克风可以360°旋转。

这种电竞级的耳麦自带独立的音频芯片，如图9-15所示，不需要计算机加载虚拟软件即可实现7.1声道的输出，而且可以免驱动。另外自带麦克风自动增益、超宽带降噪及回声消除。基本上计算机能做到的都集合在了耳麦里。

图 9-15

耳麦不只可以连接计算机，还可以连接各游戏主机及手机等，如图9-16所示。

图 9-16

耳麦在使用时要一直佩戴，所以选择一款头围合适且不夹耳朵的耳麦非常必要。耳麦的材质也最好选用亲肤材质。

动手练 连接及设置音频参数

根据不同主板，机箱后部的音频接口有的是3个接口，有的是6个接口。一般使用音箱线连接主板的绿色的音频输出接口，使用麦克风的线连接主板的粉色输入接口。启动计算机后，进入到Realtek高清晰音频管理器界面，在"麦克风"选项卡中可以设置"噪音抑制"和"回声消除"，如图9-17所示。在"扬声器"选项卡中可以测试声音，如图9-18所示。

扫码看视频

图 9-17

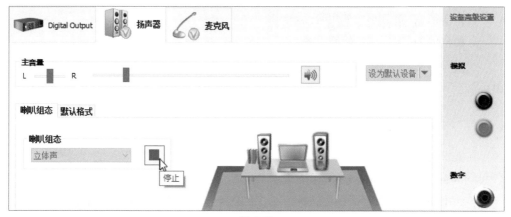

图 9-18

知识延伸：煲机

新买的电器中有些元器件（例如晶体管、集成电路、电容）全新时电气参数不稳定，经过一段时间的使用后才能逐渐稳定。煲机指新买回的耳机通电一段时间后，才会让音质变好。

像汽车的磨合期一样，只不过煲机是让耳机加速老化以达到最佳状态。对于耳机，煲机实际就是在煲振膜折环。新耳机振膜折环机械顺性差，导致失真比较严重，经过一段时间的使用后，顺性逐渐变好，失真也会逐渐降到正常水平。对于功放，只要不关机就是煲机，对于耳机，还必须用一定功率的信号使其振膜不停地振动。

耳机的煲机时间要根据输入信号的类型和功率决定。最好的方法是用专门的煲机信号（频谱很宽的噪声信号），以标称功率的三分之二，不停地播放40～50小时，这相当于正常使用2～3个月的时长。如果找不到专门的煲机信号，用频谱丰富的重金属或摇滚音乐代替也可以，音量以耳朵刚好不能承受为宜。如果采用音乐煲机，连续煲机时间不宜过长，每天不超过12小时，累计时间也要多一些，大概要60～70小时。

耳机煲机一般分6个阶段：

● **第1阶段：** 使用正常听音强度三分之一的音量驱动耳机12小时（用较轻松的音乐）。

● **第2阶段：** 使用正常听音强度三分之二的音量驱动耳机12小时（不要用摇滚音乐）。

● **第3阶段：** 使用正常听音强度驱动耳机72小时（用自己常听的音乐即可）。

● **第4阶段：** 使用正常听音强度四分之三的音量驱动耳机24小时（用自己常听的音乐即可）。

● **第5阶段：** 进入正常使用阶段。

● **第6阶段：** 进入HIFI使用阶段。

在煲机时注意不要持续听，要有休息时间；还有就是音量不要太大，如果音量太大很可能会损坏耳机。一般买回来第一周都是煲机时间，使用一个月的耳机其声效已经达到95%了，使用6个月（平均每天2小时）的耳机是最佳状态。煲机是一个需要耐心的过程。

在煲机音乐的选择上，可以使用以下两首。

（1）Modern Talking的专辑*Back For Good*。

各频率段丰满，典型的Disco风格，这张CD算是煲机极品，从20Hz～20kHz均能照顾到。这张CD录音电平很高，因此煲机时请务必小心调整音量，以免烧毁电源。

（2）Aqua的*Aquarium*和*Aquarius*。

各频率段丰满，频率特征和Modern Talking的专辑*Back For Good*相似，录音电平也很高，使用时适当调小音量。

计算机组装与维护标准教程（全彩微课版）

第 10 章

计算机的外交官
——其他常见外设

　　计算机主机包括的内部组件对于操作人员属于透明层，是无法直接交互的。计算机与操作人员的交互主要通过计算机外设进行，包括键盘、鼠标、显示器、音箱、打印机、扫描仪等设备。本章介绍计算机常见的外部设备。通过本章的学习，结合前面所学知识，就能掌握完整的计算机硬件系统。

鼠标是计算机主要的输入设备，因其外形酷似一只小老鼠而得名。通过鼠标控制屏幕上的光标移动、选取和单击操作，实现各种控制信息的输入。下面介绍鼠标的一些知识。

10.1.1 全面熟识鼠标

鼠标最早不是光电的，下方是一个滚轮，内部有两个转轴，通过滚轮运动带动转轴旋转，从而移动光标，如图10-1所示。现在的鼠标大都是光电鼠标或者激光鼠标。

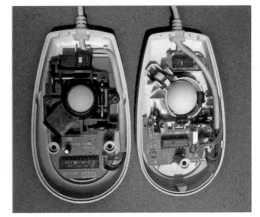

图 10-1

光电鼠标内部有一个发光二极管，通过其发出的光线，可以照亮光电鼠标底部表面。光电鼠标经底部表面反射回的一部分光线，通过一组光学透镜后，传输到一个光感应器件（微成像器）内成像。当光电鼠标移动时，其移动轨迹便会被记录为一组高速拍摄的连贯图像，被光电鼠标内部的一块专用图像分析芯片（DSP，即数字微处理器）分析处理。该芯片通过对这些图像上特征点位置的变化进行分析来判断鼠标的移动方向和移动距离，完成光标的定位，如图10-2所示。

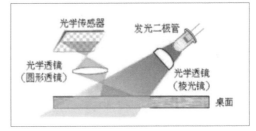

图 10-2

10.1.2 鼠标的分类

鼠标可以按照不同的标准进行分类。

1. 按成像原理分类

按照不同的光，可以将鼠标分成光电鼠标、激光鼠标、蓝光鼠标、蓝影鼠标。其中激光鼠标的成本最高，分辨率也最高，但对照射面要求也很高。常见的光电鼠标如图10-3所示，激光鼠标如图10-4所示。

图 10-3   图 10-4

为什么我的鼠标底部不亮

大部分的光电鼠标底部都是亮的，但有些鼠标采用了"不可见光"作为光源。目前越来越多的鼠标厂商均采用了这种技术，包括无线电波、微波、红外光、紫外光、x射线、γ射线、远红外线等都属于不可见光。采用该技术的鼠标产品可以拥有更出色的节能表现，这也是厂商们使用此技术的主要原因。另外，在性能方面，不可见光技术依然保持着不俗的竞争力，完全可以满足主流用户的需求。

2. 按传输介质分类

按传输介质不同可以分为有线鼠标和无线鼠标。有线鼠标如图10-5所示，有线接口分为USB接口和PS2接口。无线鼠标如图10-6所示，按照无线的标准，又分为使用2.4GHz和5GHz频率的无线鼠标和蓝牙鼠标。

图 10-5   图 10-6

▌10.1.3 鼠标的主要参数和技术指标

在购买鼠标时，需要注意以下主要参数和技术指标。

1. 鼠标分辨率

dpi（dots per inch，每英寸的像素数），指鼠标内的解码装置所能辨认的每英寸内的像素数。数值越高鼠标定位越精准。dpi是鼠标移动的静态指标。

2. 鼠标采样率

CPI（Count Per Inch，每英寸的测量次数），是由鼠标核心芯片生产厂商安捷伦定义的标准，可以用来表示光电鼠标在物理表面上每移动1in（1in≈2.54cm）时其传感器所能接收到的坐标数量。每秒钟移动采集的像素点越多，就代表鼠标的移动速度越快。例如鼠标在桌面移动1cm，低CPI的鼠标可能在屏幕上移动3cm，高CPI的鼠标则移动了9cm。CPI是鼠标移动的动态指标，CPI高的鼠标更适合配合高分辨率的屏幕使用。

现在的一些鼠标可以通过滚轮后方的CPI调节按钮来切换3种采样率，以适用不同的使用场景，如图10-7所示。

3. 鼠标的大小

鼠标按照长度可以分为，大鼠标（大于等于120mm）、普通鼠标（100～120mm）、小鼠标（小于等于100mm），用户可根据手掌大小和使用习惯选择。

4. 鼠标的重量

除了鼠标的大小外，重量也是影响手感的参数之一。太轻或太重的鼠标使用起来都不舒服。有些专业鼠标会给予配重模块，可以根据不同的使用者增减配重，如图10-8所示。

图 10-7

图 10-8

知识点拨

鼠标的微动

微动就是鼠标左右键实现单击功能的组件，如图10-9所示。使用一段时间的鼠标可能出现单击变双击、失灵、反应慢等情况。

图 10-9

计算机组装与维护标准教程（全彩微课版）

键盘的主要作用是输入数据、文字、指令等，用来与计算机交互，是计算机最重要的输入设备。目前薄膜键盘和机械键盘共存，下面介绍键盘的常见功能和参数。

10.2.1 键盘的分类和工作原理

首先介绍键盘的分类和工作原理。

1. 薄膜键盘

薄膜键盘上方是按键，内部有橡胶模，下方有三层塑料薄膜，三层塑料薄膜的上下两层有导线，按键位置有触点，中间的塑料薄膜没有导线，并将上下两层膜分离，在按键位置有圆孔，如图10-10所示。按下键盘按键后，按键下方的橡胶模会将三层塑料薄膜的上下两层连通，从而产生一个信号。

薄膜键盘无机械磨损、价格低、噪音也小，是目前使用最广的一类键盘，但长期使用后，由于材质问题手感会变差，橡胶膜也会老化。

薄膜键盘的按键按照结构分为以下几种。

（1）火山口结构。

火山口结构是最常见的薄膜键盘结构，如图10-11所示。键盘面板和橡胶模呈火山口的样子，简单、造价低，但手感不稳定、键帽高、易疲劳、易磨损、易老化。

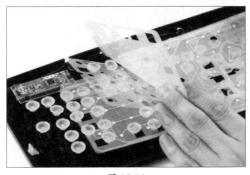
图 10-10

图 10-11

（2）剪刀脚结构。

剪刀脚结构将键帽和导向柱进行分离，采用两组连接杆支撑架，如图10-12所示。缓解了手感不均匀的情况，2.5～3mm的键程更适合打字，但制造成本高、价格贵、不好清理、易报废。

（3）宫柱结构。

键帽和导向柱分离，导向柱采用全新高硬度材料，呈柱形，增加了手感稳定性，寿命长、按键声音小，如图10-13所示。

图 10-12   图 10-13

2. 机械键盘

  机械键盘如图10-14所示，与薄膜键盘不同，机械键盘每一个按键有一个单独的开关控制，也就是常说的"机械轴"。每一个按键由一个独立的微动组成，按下即反馈信号，与其他按键几乎没有冲突，好的机械键盘可以做到全键盘无冲突，而且段落感强，适合游戏娱乐和打字。好的机械键盘寿命非常长，即使某个按键损坏，单独更换该机械轴即可，如图10-15所示。由于机械轴的成本较高，该类键盘的售价都不低，而且防水性能没有薄膜键盘好，使用时需注意。

图 10-14

图 10-15

计算机组装与维护标准教程（全彩微课版）

10.2.2 键盘的主要参数

选购键盘时除了选择连接方式、机械键盘或薄膜键盘外，还要考虑以下参数。

1. 接口

现在键盘和鼠标大多是USB接口，如图10-16所示，也有少量的PS2接口，如图10-17所示，用户连接主板后部接口，如图10-18所示，需要看清PS2接口插针的方向，以防插弯。USB接口的鼠标连接到主板的USB接口即可。另外PS2键鼠不支持热插拔，需关机后连接，开机才能使用。

图 10-16

图 10-17

图 10-18

2. 键程

"键程"就是按下一个键其所走的路程，即下压按键时触发开关的最小距离，如果敲击键盘时感到按键上下起伏比较明显，说明键程较长。键程长短关系到键盘的使用手感，键程较长的键盘会让人感到弹性十足，但比较费劲；键程适中的键盘则让人感到柔软舒服；键程较短的键盘长时间使用会让人感到疲惫。有些超薄键盘或者笔记本电脑的键盘因为设计需要，键程非常短，长时间使用会非常不舒服。

10.3　摄像头

摄像头是计算机最主要的视频信号输入、采集设备，用来将采集到的视频信号变成数字信号进行传输，或者存储到计算机中作为录像，和手机摄像头的作用类似。在远程会议、远程学习、直播中经常用到。

10.3.1　摄像头简介

首先介绍摄像头的工作原理和分类。

1. 摄像头的工作原理

摄像头经过镜头采集图像后，由摄像头内的感光组件电路及控制组件对图像进行处理，转换成计算机所能识别的数字信号，然后经由并行端口、通用串行总线连接，输入到计算机后由软件再进行图像还原。

2. 摄像头的分类和用途

现在的摄像头主要分为以下几种。

（1）计算机用的高清摄像头。

图10-19所示为常见的家庭用高清摄像头，主要用于连接计算机，可以被各种应用程序调用，主要用途是视频会议、视频通话、远程面试等，如图10-20所示。

图 10-19

图 10-20

（2）监控用的高清摄像机。

常见的用于安防监控使用的摄像机，分为室内和室外、模拟信号和数字信号、有线和无线几种。传统模拟信号摄像机如图10-21所示，无线网络监控云台如图10-22所示，一般配合硬盘录像机使用，进行管理和录像保存，如图10-23、图10-24所示。

图 10-21

图 10-22

图 10-23

图 10-24

知识点拨

监控云台

云台是安装、固定摄像机的支撑设备，分为固定和电动两种。固定云台适用于监视范围不大的情况，在固定云台上安装摄像机后可调整摄像机的水平和俯仰角度，达到最好的工作姿态后锁定调整机构即可。电动云台适用于对大范围进行扫描监视，可以扩大摄像机的监视范围。现在很多需要大范围实施监控的地方，如高速公路，广场等，使用的都是可手动调节方向、焦距和视野范围的云台。

（3）家用无线高清摄像机。

该类摄像机也属于家庭安防监控系统常用的设备，如图10-25所示，可以使用本地的硬盘存储，也可以插入可以存储的TF卡，通过手机查看录像及当前的监控画面，如图10-26所示。

图 10-25

图 10-26

10.3.2 摄像头的主要参数和技术指标

下面介绍摄像头的主要参数和相应的技术指标。

1. 分辨率

一般是摄像头所能支持的最大图像的大小，现在摄像机的分辨率都在720P（1280×720）以上，所以叫高清摄像机，还有1080P（1920×1080）的全高清摄像机。

2. 像素

像素就是某分辨率下像素点数的多少。例如1080P是1920×1080=2073600像素，简称200万像素。只有达到该值的摄像头，才能达到1080P的标准，但有些商家将插值计算出的结果称为最后的像素值就属于误导。插值得到的200万像素和摄像头采集到的200万像素，在成像质量上有很大的差异。

知识点拨

插值像素

插值像素是将感光器件所形成的实际像素，通过相机中内置的软件，依照一定的运算方式进行计算，产生新的像素点，将其插入到本来像素邻近的空隙处，从而实现增加像素总量和增大像素密度的目的。软件插值对实际的图像改善不大，照片放大后会发现非常模糊，所以在选购时一定要注意。

3. 传感器

传感器是摄像头最重要的组成部分，用于成像，一般有CCD和CMOS两种。CCD的优点是灵敏度高、噪音小、信噪比大，但是生产工艺复杂、成本高、功耗高。CMOS的优点是集成度高、功耗低（不到CCD的1/3）、成本低，但是噪声比较大、灵敏度较低。采用一些自动增益、自动白平衡、饱和度、对比度增强等影像控制技术，可以接近CCD摄像头的效果。

4. 帧率

摄像头捕捉静态画面，然后连续播放形成动画，帧率就是每秒捕获的画面数量。帧率越高，存储的文件越大。一般运动场景15f/s（帧/秒）以上，人眼就可以认为是连续运动的画面，正常情况下设置为20～25。

5. 信噪比

信噪比的典型值为46dB，若为50dB，则图像有少量噪声，但图像质量良好；若为60dB，则图像质量优良，不出现噪声。

6. 摄像头的连接方式

如果使用的是模拟线，直接将摄像头连接到硬盘录像机后部即可。如果使用的是网线，则需要连接到交换机上。如果使用的是无线，则连接到无线路由器即可。一般供电需要单独排布电源线，并使用适配器进行电压转换。如果使用的是POE网络摄像机，则直接从POE交换机处获取电能，一根网线即可解决图像及电能传输的问题。

10.4　扫描仪

扫描仪也是计算机的主要输入设备，可以将纸质信息转换为计算机可以显示、编辑、存储和输出的数字格式。现在一体式打印机也有扫描仪的功能。

10.4.1　扫描仪简介

扫描仪现在使用比较普遍，已经从简单的影像处理扩展到识别领域。

1. 扫描仪的工作原理

扫描仪工作时发出的强光照射在稿件上，没有被吸收的光线将被反射到光感应器上。光感应器将接收到的这些信号传送到模数（A/D）转换器，模数转换器再将其转换成计算机能读取的信号，然后通过驱动程序转换成显示器上能看到的正确图像。

2. 扫描仪的分类

扫描仪正在向专业化领域发展，按照应用领域分为以下几种。

（1）传统平面扫描仪。

传统平面扫描仪如图10-27所示，主要在日常办公中使用。

（2）便携式扫描仪。

便携式扫描仪也叫高拍仪，主要应用在银行业、图书馆等，如图10-28所示，与传统滚筒式扫描仪不同，镜头采用了类似摄像头的部件，不像平面扫描仪那样麻烦，只需将要扫描的部件放置在扫描仪下方的平台上即可扫描。

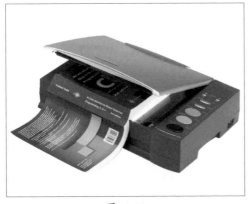

图 10-27

图 10-28

（3）手持扫码仪。

现在付款二维码、商品条码、快递条码、票据验证码等，可以使用专业的手持扫码仪进行扫描，如图10-29所示，快速反馈到终端系统中，用于收付款、入库、出库、登记、记录等场景。

（4）三维扫描仪。

三维扫描仪可以扫描获取物品的三维形状信息，用于快速建模、航空航天、汽车制造、模具检测、逆向设计等多个领域，如图10-30所示。

图 10-29

图 10-30

知识点拨

其他用途的扫描仪

除了前面提到的扫描仪外，还有更加便携的笔式扫描仪，如图10-31所示，医学上使用的扫描仪如图10-32所示。

图 10-31

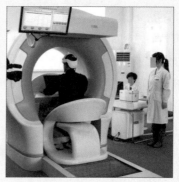
图 10-32

10.4.2 扫描仪的主要参数和技术指标

下面介绍一些扫描仪常见的主要参数和技术指标。

1. 分辨率

扫描仪的分辨率分为光学分辨率和最大分辨率，光学分辨率指的是扫描仪硬件所能达到的分辨率，而最大分辨率指的是插值分辨率。

光学分辨率越高，所能采集的图像信息量越大，扫描输出的图像中包含的细节也越多。

最大分辨率与光学分辨率不同，虽然最大分辨率能使扫描图像的分辨率提高，但不能实际增加图像中的信息量，反而会使图像看起来模糊。软件插值法使分辨率越高，图像的质量越差。但是，用这种方法可以从软件上实现高放大倍率的图像扫描。最大分辨率通常是光学分辨率的2～4倍。

注意事项 **扫描仪的dpi**

dpi每英寸的像素数，代表了扫描仪的扫描精度，和鼠标dpi类似，是一个静态参数，cpi是鼠标专有的动态参数指标，如现在的扫描仪是2400×1200dpi，代表纵向×横向的像素数量。这个数值的计算方法为，假设一个有10000个感光单元的摄像头的A4幅面扫描仪，因为A4纸宽度是8.3in，所以光学分辨率为10000÷8.3≈1200dpi。

2. 扫描介质

扫描介质表示可以扫描的介质类型，一般的扫描仪介质为照片、文稿、正负底片、幻灯片、3D实物等。

3. 灰阶参数及色彩位数

色彩位数又称色彩深度，是指扫描仪对图像进行采样的数据位数，即扫描仪所能辨析的色彩范围。目前有18位、24位、30位、36位、42位和48位等多种。色彩位数越高，扫描仪的图像还原度越高。

4. 接口

大多数的扫描仪使用USB接口，可以即插即用，有些需要安装特殊的软件。而无线打印机扫描时，可以设置接收位置，如某计算机的共享文件夹，使用无线扫描后，即可存入该文件夹中。

5. 纸张大小

和打印机类似，扫描仪生产出来后，最大扫描尺寸就固定了，一般按照纸张大小分为A3、A4。专业级别的大型设备可以达到A1、A2甚至更大的尺寸，购买时要查看是否满足实际需求。

10.5 打印机

打印机是计算机最主要的输出设备之一，计算机中的文字、图像等，可通过打印机打印出来，作为实体材料使用。

10.5.1 打印机的分类

打印机从打印原理上，可以分为以下几种。

1. 针式打印机

针式打印机曾经在打印机历史的很长一段时间内占据重要地位，从9针发展到24针。针式打印机之所以在很长一段时间内能流行不衰，这与其极低的打印成本、很好的易用性及单据打印的特殊用途是分不开的。当然，很低的打印质量、很大的工作噪声也是其无法适应高质量、高速度的商用打印需要的根结，现在只有在银行、超市、电信运营商等用于票单打印的地方还可以看见针式打印机，如图10-33所示。针式打印机的耗材为色带。

2. 喷墨打印机

喷墨打印机分为黑白喷墨打印机和彩色喷墨打印机两种。彩色喷墨打印机如图10-34所示，因其良好的打印效果与较低的价位而占领了广大中低端市场。此外，喷墨打印机还具有更为灵活的纸张处理能力，在打印介质的选择上，喷墨打印机也具有一定的优势，既可以打印信封、信纸等普通介质，还可以打印各种胶片、照片纸、光盘封面、卷纸、T恤转印纸等特殊介质。喷墨打印机的耗材为墨水，打印机本身非常便宜，但耗材比较贵，所以如果需要大量打印，一般需要改装成外接耗材的形式。

图 10-33

图 10-34

知识点拨

喷墨打印机的连供

连供就是连续供墨系统，采用导管将外置墨水瓶与打印机的墨盒相连，这样墨水瓶就源源不断地向墨盒提供墨水。连续供墨系统最大的好处是实惠，价格比原装墨水便宜很多，其次供墨量大，加墨水方便，一般一色的容量为100ml，比原装墨盒墨水至少多5倍，其三连供墨水质量正稳步上升，较好的连供墨水也不会堵喷头，如有断线清洗几次即可，这为连供的生存发展提供了有力保障，但改成连供有可能失去质保服务。现在很多打印机厂家已经认可了连供，而且提供原装连供，也会提供售后保障，连供系统如图10-35所示。如果不改连供，也可以通过可填充墨盒实现，如图10-36所示。因为原装耗材很多有验证系统，所以连供系统和可填充墨盒是和具体机型对应使用的，用户需要根据具体机型查找购买。

图 10-35

图 10-36

3. 激光打印机

激光打印机分为彩色激光打印机和黑白激光打印机，普通办公室使用的都是黑白激光打印机或者一体机，如图10-37所示。打印原理是利用光栅图像处理器产生位图，然后将其转换为电信号等一系列的脉冲送往激光发射器，控制激光的发射。与此同时，反射光束被接收的感光鼓所感光。激光发射时产生一个点，激光不发射时就是空白，这样就在接收器上印出一行点来，然后接收器转动一小段固定的距离继续重复上述操作。当纸张经过感光鼓时，鼓上的着色剂就会转移到纸上，印成了页面的位图。最后当纸张经过一对加热辊后，着色剂被加热熔化，固定在纸上，这就是打印的全过程，整个过程准确且高效。激光打印机性价比高，一次投资稍大，但使用成本较低，耗材为墨粉和硒鼓，如图10-38所示。

图 10-37

图 10-38

10.5.2 打印机的参数及选购

打印机的常见参数有以下几项。

1. 打印幅面

打印幅面就是能打多大的纸。普通办公A4即可，专业公司可以选择A3、A2等大幅面的打印机。

2. 打印速度

打印速度指每分钟打印多少页。如果大批量打印，这个参数就非常重要，普通用户可以不将其作为选择参数。

3. 打印耗材

打印耗材需要根据用户选择的打印机型号、打印的使用率及成本进行考虑，按照耗材比重选择对应的打印机。

4. 分辨率

激光打印机一般为600dpi，增强型激光打印机可以达到1200dpi，喷墨打印机从普通型的1000dpi到增强型的5000dpi，针式打印机的分辨率为300dpi。

5. 其他功能

现在一体式的打印机已经成为了办公标配，很多还支持WiFi网络连接、网络打印、身份证的双面打印、缩小复印等功能，用户可以根据实际情况进行选择。

6. 打印机的连接

无线打印机只要安装好无线客户端就可以连接到该打印机。有线打印机连接电源后，将数据线连接到计算机的USB接口即可，如图10-39、图10-40所示。

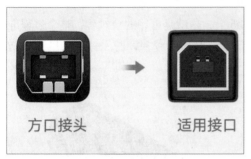

图 10-39

图 10-40

10.6　麦克风

如果说音箱是计算机的嘴巴，那么麦克风就是计算机的耳朵。前面介绍耳麦时谈到了耳麦自带麦克风，其他设备，如手机耳机线也带有麦克风。本节介绍麦克风的相关知识。

10.6.1　麦克风的种类和功能

麦克风主要用于收集声音，并将其转变为计算机可以处理的电信号，在很多地方都可以用到，尤其是网络直播等场景。麦克风分为动圈式、电容式等。电容式麦克风有两块金属极板，其中一块表面涂有驻极体薄膜（多数为聚全氟乙丙烯）并将其接地，另一极板接在场效应晶体管的栅极上，栅极与源极之间接有一个二极管。当驻极体薄膜片本身带有电荷，表面电荷的电量为Q，板极间的电容量为C，则在极头上产生的电压$U=Q/C$，当受到振动或气流摩擦时，由于振动使两极板间的距离改变，即电容C改变，而电量Q不变，就会引起电压的变化，电压变化的大小，反映了外界声压的强弱，电压变化的频率反映了外界声音的频率，这就是驻极体传声器的工作原理。

1. 计算机麦克风

计算机麦克风如图10-41所示，主要用于收集声音并传递给计算机，经过主板的音频处理器后，转变为计算机可以记录并使用的信息。

2. 耳麦麦克风

耳麦带有的麦克风不用单独购买，主要用于团队沟通和视频语音通话使用，如图10-42所示。

图 10-41

图 10-42

3. 耳机麦克风

和耳麦类似，不过主要用在手机上，用来通话使用，如图10-43所示。

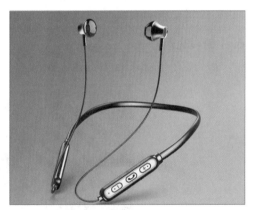

图 10-43

4. 无线收音麦克风

电视表演、网络直播中并没有看到麦克风，却可以传递声音，这里使用的就是无线收音麦克风，如图10-44所示。无线收音麦克风具有远距离传输、续航久、智能连接、实时监听、兼容手机及摄像机、采样率高、声音还原度高等优点。

图 10-44

5. 拾音器

在银行等特殊单位，需要记录与顾客的对话，就可以使用非常小巧简单的拾音器，如图10-45所示。

图 10-45

6. 手机麦克风

小巧的手机麦克风用来录歌、直播都非常方便，如图10-46所示。

图 10-46

10.6.2 麦克风的常用参数

麦克风的常用参数有如下几种，用户在挑选麦克风时可以参考。

1. 灵敏度

灵敏度指麦克风的开路电压与作用在其膜片上的声压比。实际上，麦克风在声场必然会引起声场散射，所以灵敏度有两种定义，一种是实际作用于膜片上的声压，称为声压灵敏度，另一种是指麦克风未置入声场的声场声压，称为声场灵敏度，其中声场灵敏度又分为自由场灵敏度和扩散场灵敏度。通常录音用麦克风给出声压灵敏度，测量用麦克风因应用类型给出声压或声场灵敏度。灵敏度的单位是V/Pa（伏/帕），通常使用灵敏度级来表示，参考灵敏度为1V/Pa。

2. 频率响应

频率响应是指麦克风接收到不同频率声音时，输出信号会随频率的变化而产生放大或衰减。最理想的频率响应曲线是一条水平线，代表输出信号能真实呈现原始声音的特性，但这种理想情况不容易实现。一般电容式麦克风的频率响应曲线会比动圈式平坦。常见的麦克风频率响应曲线大多为高低频衰减，中低频略放大。

3. 信号噪声比

信号噪声比用传声器输出信号电压与传声器内在噪声电压比值的对数值来表示。一般优质电容式传声器的信号噪声比为55～57dB。

4. 动态范围

动态范围小会引起声音失真，音质变坏，因此要求足够大的动态范围。

5. 等效噪声级

如果声波的声压作用在传声器上所产生的输出电压与传声器本身固有噪声产生的输出电压相等，该声波声压就等于传声器的等效噪声级。

6. 总谐波失真

谐波失真是指输出信号比输入信号多出的谐波成分。谐波失真是由于系统不是完全线性造成的。所有附加谐波电平之和称为总谐波失真。一般500Hz频率处的总谐波失真最小，因此不少产品均以该频率的失真作为指标。总谐波失真在1%以下，人耳分辨不出来，超过10%就可以明显听出失真的成分。数值越小，音色越纯净，表明产品品质越高。一般产品的总谐波失真小于1%（以500Hz频率测量）。

7. 指向性

指向性也叫话筒的极性（Polar Pattern），指话筒拾取来自不同方向的声音的能力。一般分为全向型、心型、超心型、8字型。全向型（Omnidirectional）也叫无方向型，对各个方向的声音有相同的灵敏度。心型（Cardioid）属于指向型话筒，前端灵敏度最强，后端灵敏度最弱。超心型（Supercardioid）拾音区域比心型话筒更窄，但后端也会拾取声音。8字型分别从前方和后方拾取声音，但不从侧面（90°）拾音。

知识延伸：耳机的阻抗

耳机的阻抗是交流阻抗的简称，单位为Ω（欧姆），大小是线圈的直流电阻与线圈的感抗之和。民用耳机和专业耳机的阻抗一般都在100Ω以下，有些专业耳机阻抗在200Ω以上，驱动阻抗越高的耳机需要的功率越大。不同阻抗的耳机用于不同的场合，在台式机或功放等设备上，通常会使用高阻抗耳机。

有些专业耳机阻抗会在300Ω以上，这是为了与专业机上的耳机插口匹配。对于各种便携式随身设备，一般使用低阻抗耳机，因为通常阻抗越小，耳机就越容易出声。

阻抗不是指耳机本身的电阻大小，阻抗匹配后可使耳机分得的功率增大。阻抗越小，耳机越容易驱动；阻抗越大，则越不易驱动。一般的随身听耳机阻抗为16～64Ω。一般耳机的阻抗在低频最大，因此对低频的衰减要大于高频。对大多数耳机而言，增大输出阻抗会使声音更虚弱无力（此时功放对耳机驱动单元的控制也会变弱），但某些耳机却需要在高阻抗下才更好用。

低阻抗耳机比较强调近场，适合欣赏人声或者小编制器乐，人声丰满，密度感强，声音顺滑细腻；高阻抗耳机比较强调声场和器乐表现力，声场开阔，声音还原性高，气势雄浑，所以高阻抗耳机一般用于台式机或功放、电视等，可以在高解析的情况下尽可能减少动态失真。在日常使用过程中，如果耳机声音尖锐刺耳，可以考虑增大耳机插孔的有效输出阻抗；如果耳机声音暗淡浑浊并且是通过功率放大器驱动的，则可以考虑减小有效输出阻抗。

提到耳机阻抗就不得不提灵敏度，有些用户在选购耳机时不太注意阻抗和灵敏度这两个参数，只需要记住一点就够了：耳机阻抗越小，或者耳机灵敏度越高，耳机越容易出声。

为了配合手机使用，通常会推荐低阻抗（16～32Ω）+高灵敏度（95～120dB）的耳机。

第11章

操作系统的安装和备份

　　前面几章主要介绍了硬件的相关知识。只有硬件，计算机是无法使用的，需要相应的软件支持，而操作系统就是其中一类特殊的软件。组装好计算机后，首先就要安装操作系统，然后才能安装和使用其他软件。本章将讲解操作系统的安装和备份方法。

11.1 操作系统的安装准备

在安装操作系统前,需要做一些准备工作,主要内容如下。

11.1.1 准备好系统的镜像文件

用户可以到微软官网下载原版操作系统安装工具,如图11-1所示。有经验的用户可以到第三方专业平台下载,如图11-2所示。这里建议用户下载最新的Windows 10系统,截至目前最新的Windows 10版本为20H2。

图 11-1

图 11-2

知识点拨

原版镜像文件与其他镜像文件

原版镜像是微软官方发布的,未经任何修改,可以用来安装操作系统的安装文件。这种文件默认扩展名是ISO,可以用虚拟光驱打开,叫作镜像文件,如图11-3所示。安装后使用相应的密钥激活即可享受正版服务。

其他修改版包括各种Ghost版本及精简版、优化版,等等,都是在原版的基础上添加了其他软件、广告,删除了系统不常用的功能,进行了优化,然后重新封装做成的。其特点是安装速度快,含有常用软件、广告,优化效果不确定,如图11-4所示。修改版可能含有木马、病毒等。

图 11-3

图 11-4

建议用户安装原版的操作系统并激活后使用。有一定基础、喜欢尝鲜的用户,可以使用修改版,但并不保证其中是否含有危险成分。建议用户安装操作系统后全盘杀毒。

计算机组装与维护标准教程(全彩微课版)

11.1.2 制作启动U盘

以前安装操作系统需要系统光盘和光驱，ISO文件在那时就是光盘镜像文件的格式。ISO镜像文件可以直接刻录到光盘上使用。由于启动U盘的流行、网速的提高、网上备份和分享的便利性，这些因素的综合使光驱逐渐退出了历史舞台。现在可以直接使用U盘安装操作系统，但是需要先给U盘安装一个可以启动的小型操作系统，用来启动计算机，这个小型操作系统就是Windows PE。

1. Windows PE 简介

Windows PE（Windows Pre-installation Environment，Windows 预安装环境）是基于Windows内核的一个小型系统。原本是用来启动计算机，进行多台设备部署时使用，但因为体积小巧，适当修改后，可用于系统的安装与维护使用。

用户可以使用微软提供的工具提取及制作PE，如图11-5所示，但原版的PE中没有任何工具，建议用户使用第三方制作的PE，如图11-6所示。

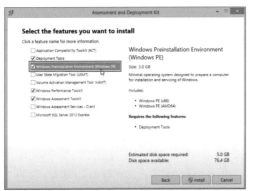

图 11-5

图 11-6

这种第三方的PE除了有常规PE的内容外，还加入了一些工具，如系统安装工具、引导修复工具、磁盘管理工具（如图11-7所示）、系统密码工具、硬件检测工具、数据恢复工具等，非常适合新手用户及维护人员使用，当然高级用户也可以DIY自己的工具。

图 11-7

2.可以启动的U盘

PE工具有了，但放到U盘上无法启动，必须做成可引导的格式。用户可以使用UltraISO直接将PE的ISO文件写入U盘中并自动创建引导，如图11-9所示。如果可以找到满意的PE ISO镜像文件，可以直接保存到U盘中，其他情况可以使用第三方的制作工具，如老毛桃、微PE、大白菜、杏雨梨云（如图11-10所示）等。这些软件含有制作完成的第三方PE，可以直接将U盘做成启动U盘。

图 11-9

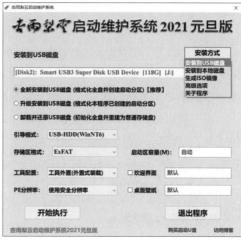

图 11-10

动手练 制作自己的启动U盘

　　下面以U深度为例，向读者介绍使用第三方软件制作含有U深度PE的启动U盘的方法。通过百度搜索并进入官网后，下载启动U盘的制作程序，安装到计算机后，启动软件。

Step 01 软件自动识别U盘，新手用户保持默认配置，单击"开始制作"按钮，如图11-11所示。

Step 02 软件弹出提示信息，让用户做好U盘数据备份，单击"确定"按钮，如图11-12所示。

Step 03 软件对U盘进行格式化并写入数据，如图11-13所示。

Step 04 完成后会提示用户制作成功，单击"是"按钮，如图11-14所示。

图 11-11

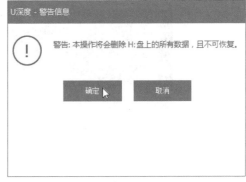

图 11-12

图 11-13

图 11-14

11.1.3　设置BIOS

在安装前，需要对计算机主板的BIOS进行设置，包括设置"启动模式"为"UEFI启动"，将"U盘"设置为"第一启动项"。

Step 01 插入U盘后，开机按"Del"键，进入BIOS，如图11-15所示，按F7键进入高级模式。

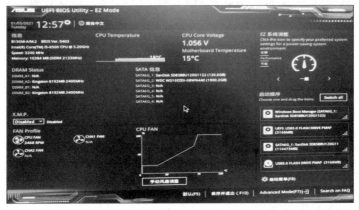

图 11-15

Step 02 在"高级"界面中，切换到"启动"选项卡，选择并进入"CSM"设置界面中，如图11-16所示。

图 11-16

Step 03 开启"CSM",并在"启动设备控制"中选择"UEFI与Legacy OPROM"选项,如图11-17所示。

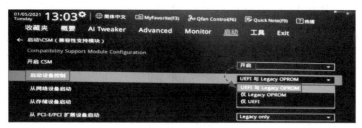

图 11-17

Step 04 按Esc键返回上一级,兼容启动模式已经设置完毕,在"启动"选项卡的"Boot Option #1"级联菜单中单击"Windows Boot Manager"按钮,选择制作完成的UEFI模式的启动U盘,如图11-18所示,完成后按F10键保存并重启。

图 11-18

11.2 安装Windows 10

将镜像文件存放在计算机或者U盘中,设置完成BIOS后就可以安装操作系统了。

11.2.1 分区及安装

Windows 10的安装按照重启进行划分,可以分成3个阶段。第一阶段,需要配置一些参数。如果是新的硬盘,需要分区后安装。安装的方法有很多,下面介绍经常使用的虚拟光驱安装UEFI启动的Windows 10 20H2版本的具体步骤。

Step 01 启动计算机进入PE中，找到系统镜像文件，在文件上右击，在弹出的快捷菜单中选择"装载为ImDisk虚拟磁盘"选项，如图11-19所示。

Step 02 在挂载对话框中保持默认设置，单击"确定"按钮，如图11-20所示。

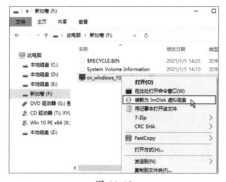

图 11-19

图 11-20

Step 03 在"此电脑"中找到新虚拟的光驱，双击该图标，如图11-21所示。

Step 04 在打开的文件夹中双击"setup.exe"文件，如图11-22所示。

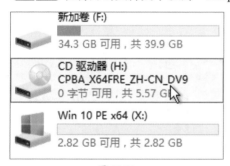

图 11-21

图 11-22

Step 05 启动安装程序，语言、时间、输入方法均保持默认，单击"下一步"按钮，如图11-23所示。

Step 06 单击"现在安装"按钮，如图11-24所示。

图 11-23

图 11-24

Step 07 选择安装的版本，这里选择"Windows 10专业工作站版"选项，单击"下一步"按钮，如图11-25所示。

Step 08 勾选"我接受许可条款（A）"复选框，单击"下一步"按钮，如图11-26所示。

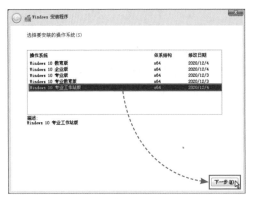

图 11-25 　　　　　　　　　　　　图 11-26

Step 09 单击"自定义：仅安装Windows（高级）"按钮，如图11-27所示。

Step 10 选择需要安装的分区，这里选择"驱动器0未分配的空间"选项，单击"新建"按钮，如图11-28所示。

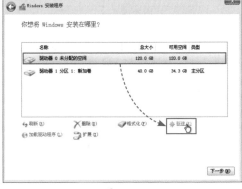

图 11-27 　　　　　　　　　　　　图 11-28

Step 11 设置分配给系统分区的大小为"80000"MB，单击"应用"按钮，如图11-29所示。

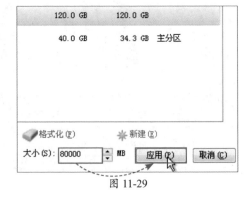

图 11-29

Step 12 系统弹出提示，要创建额外分区，单击"确定"按钮，如图11-30所示。

图 11-30

Step 13 按同样的方法，完成系统其他分区的创建，完成后，选择"78GB"的主分区，单击"下一步"按钮，如图11-31所示。

Step 14 系统开始复制并展开文件，如图11-32所示。

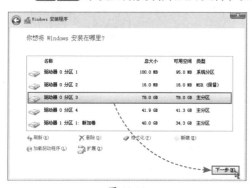

图 11-31

图 11-32

完成后会自动重启计算机，第一阶段到这里就结束了。

11.2.2 配置基本参数

重启后会继续进行系统安装，属于第二阶段，无须用户参与。第二阶段完成后，会再次重启，进入第三阶段的安装，该阶段需要对Windows 10的基本使用参数进行配置，下面介绍这两个阶段。

Step 01 重启后，系统会进行设备驱动、系统文件、注册表、库文件等程序的安装，如图11-33所示，完成后会再次重启。

Step 02 重启后，会进行一些必要的安装和自动配置，如图11-34所示。

图 11-33

图 11-34

Step 03 接下来弹出区域设置，选择"中国"选项，单击"是"按钮，如图11-35所示。

Step 04 选择键盘布局，保持默认的"微软拼音"选项，单击"是"按钮，如图11-36所示。

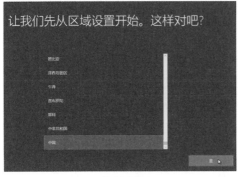
图 11-35

图 11-36

Step 05 在添加第二种键盘布局中，单击"跳过"按钮，如图11-37所示。

Step 06 选择"针对个人使用进行设置"选项，单击"下一步"按钮，如图11-38所示。

图 11-37

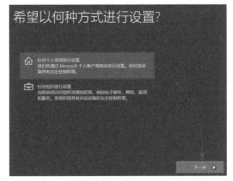
图 11-38

Step 07 在登录界面中，可以使用微软账户登录，如果不希望使用微软账户，单击"脱机账户"按钮，如图11-39所示。

Step 08 单击"有限的体验"按钮，如图11-40所示。

图 11-39

图 11-40

Step 09 输入本地管理员名，单击"下一步"按钮，如图11-41所示。

Step 10 如果自己使用，无须设置密码，单击"下一步"按钮，如图11-42所示。

图 11-41　　　　　　　　　　　　　　　　图 11-42

Step 11 隐私设置保持默认即可，单击"接受"按钮，如图11-43所示。

Step 12 授权Cortana，单击"接受"按钮，如图11-44所示。

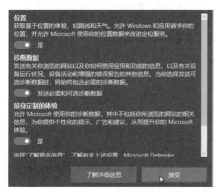

图 11-43

图 11-44

Step 13 完成全部的设置，稍等片刻Windows自动进入到桌面环境，如图11-45所示。

自动创建的分区作用

在前面使用原版光盘安装时，产生了几个额外分区，其中系统分区也叫作EFI、ESP分区，是UEFI系统的启动分区，必须要有。MSR分区是系统执行一些特殊操作，例如，转换为动态磁盘时使用，不是必要的分区。

图 11-45

操作系统安装完毕后可安装驱动、应用软件等。安装完毕后,最好给系统做个备份,以便在出现问题后可快速还原到最初的状态。这非常重要,因为操作系统的安装非常快,但软件的安装非常耗时。操作系统的备份和还原的工具有很多,系统自带的备份还原和GHOST备份还原都可以使用。下面介绍比较常用的几种备份还原方法。

11.3.1 使用系统还原点进行备份和还原

计算机系统还原点存储了当前系统的主要工作状态。计算机系统发生问题后,可以还原到还原点的工作状态。下面介绍系统还原点的创建和还原到还原点状态的步骤。

1.创建系统还原点

默认情况下,系统还原功能是关闭的,需要配置并启动。

Step 01 在"此电脑"上右击,在弹出的快捷菜单中选择"属性"选项,如图11-46所示。

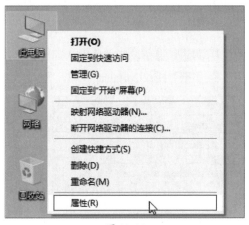

图 11-46

Step 02 在"系统"界面中单击"系统保护"按钮,如图11-47所示。

图 11-47

Step 03 在"系统保护"选项卡"保护设置"列表中选择系统盘,这里选择"(C:)(系统)"选项,单击"配置"按钮,如图11-48所示。

Step 04 在配置界面中单击"启用系统保护"单选按钮,拖动滑块,设置系统保护最大空间,单击"确定"按钮,如图11-49所示。

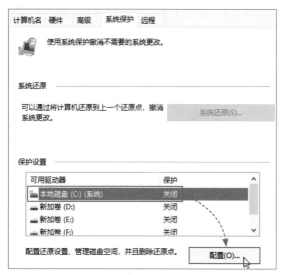

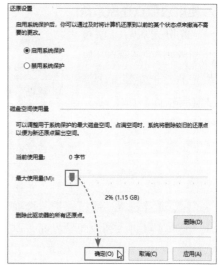

图 11-48　　　　　　　　　　　　　　　　　图 11-49

Step 05 返回到"系统属性"界面，单击"创建"按钮，如图11-50所示，为选择的驱动器设置还原点。

Step 06 在"系统保护"对话框中为还原点创建描述信息，完成后单击"创建"按钮，如图11-51所示。

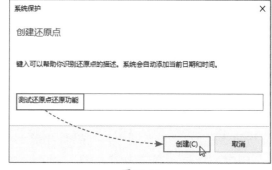

图 11-50　　　　　　　　　　　　　　　　　图 11-51

Step 07 还原点创建后会弹出提示信息，单击"关闭"按钮，如图11-52所示。

图 11-52

注意事项 **系统还原点并不是还原用户的文件**

系统还原可帮助用户将计算机的系统文件还原到备份的还原点状态，可在不影响个人文件的情况下，撤销对计算机的系统更改，这种更改包括安装程序或驱动等。还原点中还存储了有关注册表设置和Windows的其他信息。系统还原点并不备份用户的个人文件，也无法恢复已删除或损坏的个人文件。

2. 使用还原点还原系统

备份完成后，就可
以使用创建的还原点还原
系统了。先安装一个温
度监测软件，如图11-53
所示。下面介绍具体的
还原步骤。

图 11-53

Step 01 进入"系统保护"选项卡，单击"系统还原"按钮，如图11-54所示。

Step 02 进入还原向导界面，单击"下一步"按钮，如图11-55所示。

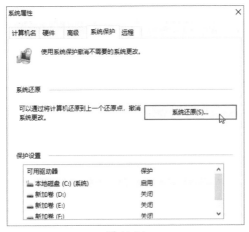

图 11-54

图 11-55

Step 03 可以查看到所有还原点信息及备份的日期、描述等内容。选择系统正常时备份的还原点，单击"下一步"按钮，如图11-56所示。

Step 04 系统弹出确认信息，单击
"完成"按钮，如图11-57所示。

图 11-56

图 11-57

计算机组装与维护标准教程（全彩微课版）

Step 05 系统弹出警告信息，单击
"是"按钮，如图11-58所示。

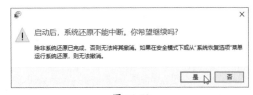

图 11-58

Step 06 系统开始还原，如图11-59所示，完成后会弹出成功信息，如图11-60所示，刚开始安装的软件已无法使用。

图 11-59

图 11-60

注意事项 还原点还原提示"卷影副本错误"

　　如果用户使用了QQ电脑管家，请到电脑管家设置中心，在"实时防护"中取消"开启卷影副本"复选框的勾选。

▌11.3.2 使用Windows备份还原功能

　　这里的备份还原功能，可以备份和还原包括数据文件、库文件、系统文件和手动配置的参数等，可以做到增量备份。下面介绍具体的操作方法。

1. 创建 Windows 备份

　　在还原前，一定要创建备份，没有备份就无法还原。

Step 01 使用Win+I组合键启动"Windows 设置"页面，单击"更新和安全"按钮，如图11-61所示。

图 11-61

Step 02 选择"备份"选项，单击"添加驱动器"按钮，如图11-62所示。

图 11-62

注意事项 Windows备份需要新驱动器的支持

Windows考虑得比较全面，如果本驱动器损坏，无论备份在哪个分区，都会损坏，所以要另一个驱动器的支持。

Step 03 添加硬盘后，可以找到并选择新的驱动器，如图11-63所示。

Step 04 "自动备份我的文件"功能按钮自动打开，单击"更多选项"按钮，如图11-64所示。

图 11-63

图 11-64

Step 05 进入"备份选项"设置界面，可以设置备份的目录、时间等，用户根据实际情况进行设置。完成后单击"立即备份"按钮，如图11-65所示。

Step 06 备份完成后，可以查看备份信息，如图11-66所示。

图 11-65

图 11-66

2. 使用备份还原

出现问题后，用户可以使用备份还原用户的文件等，下面介绍还原的操作步骤。

Step 01 进入到"备份选项"功能界面，单击"从当前的备份还原文件"按钮，如图11-67所示。

Step 02 在弹出的备份内容中，可以查看备份的所有文件夹。选择需要还原的文件夹或文件，单击"还原到原始位置"按钮，如图11-68所示。稍等片刻，完成文件或文件夹的还原。

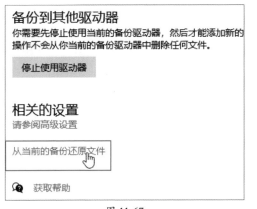

图 11-67

图 11-68

动手练 重置操作系统

如果系统本身出现了问题，可以考虑重置操作系统，类似手机的恢复出厂设置，这样就省去了安装操作系统的麻烦。

Step 01 使用Win+I组合键调出"Windows 设置"界面，单击"更新和安全"按钮，在"更新和安全"界面中选择"恢复"选项，单击"开始"按钮，如图11-69所示。

Step 02 系统提示是否保留用户文件，单击"删除所有内容"按钮，如图11-70所示。

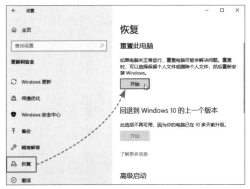

图 11-69

图 11-70

Step 03 选择恢复的驱动器，单击"仅限安装了Windows的驱动器"按钮，如图11-71所示。

Step 04 单击"删除文件并清理驱动器"按钮，如图11-72所示。

图 11-71

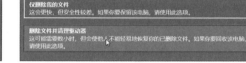

图 11-72

Step 05 系统弹出确认提示，单击"重置"按钮，如图11-73所示。

Step 06 系统开始初始化并重启计算机，如图11-74所示。完成重置后会进入到系统第三阶段设置界面。

图 11-73

图 11-74

知识点拨

其他常用的备份还原

以上是使用系统自带的备份还原功能。其他的方法可以搜索使用"备份和还原（Windows 7）"进行备份还原功能，如图11-75所示。更稳定的方法是使用GHOST备份和还原。虽然是UEFI系统，但GHOST软件也可以备份系统所在分区。如果用GHOST将镜像还原后引导不了，可以修复引导即可。

图 11-75

计算机组装与维护标准教程（全彩微课版）

✦ 知识延伸：使用DiskGenius创建分区

在安装系统前，可以先对硬盘分区及转换分区格式。下面介绍使用分区软件DiskGenius将MBR分区表转换成GPT分区表并重新分区的过程。首先进入PE，启动DiskGenius软件。

GTP分区表比传统的MBR分区表更好，也是UEFI启动Windows 10需要的。

Step 01 在分区上右击，在弹出的快捷菜单中选择"删除所有分区"选项，如图11-76所示。

Step 02 确认删除后，在"磁盘"菜单中选择"转换分区表类型为GUID格式"选项，如图11-77所示。

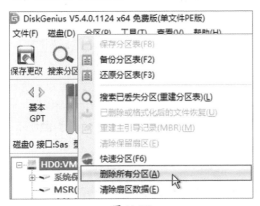

图 11-76   图 11-77

Step 03 在分区上右击，在弹出的快捷菜单中选择"建立ESP/MSR分区"选项，如图11-78所示。

Step 04 设置ESP分区大小，可保持默认，单击"确定"按钮，如图11-79所示。

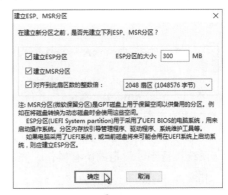

图 11-78   图 11-79

Step 05 在"空闲"的磁盘分区上右击，在弹出的快捷菜单中选择"建立新分区"选项，如图11-80所示。

Step 06 设置系统分区的大小，这里设置为80GB，单击"确定"按钮，如图11-81所示。

图 11-80

图 11-81

Step 07 按同样方法完成其他分区的创建。单击"保存更改"按钮，如图11-82所示。

图 11-82

Step 08 系统询问是否确定更改，单击"是"按钮，如图11-83所示。

Step 09 系统询问是否格式化，单击"是"按钮，如图11-84所示。

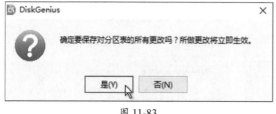

图 11-83

图 11-84

系统执行刚才设定的所有操作，完成硬盘的格式转换和分区。

其实DiskGenius还能格式化分区、无损调整分区容量、扩容、拆分、快速分区、数据恢复、备份分区，系统迁移、查看磁盘状态、坏道检测修复、重建主引导记录、管理虚拟磁盘文件、修改驱动器盘符和卷标、检测4K对齐、从镜像文件还原分区、克隆分区、设置UEFI BIOS启动项、重建分区表等，功能非常强大。

第 **12** 章
计算机软件故障检测及排除

计算机故障可以分为软件和硬件两方面，其中软件故障所占的比重最大。本章将从软件角度介绍计算机的一些常见故障、检测方法以及排除手段。

12.1 计算机软件的常见故障及处理方式

软件故障主要指计算机的操作系统或者应用软件等产生的故障，具体包括Windows系统错误、系统配置不当、病毒入侵、操作不当、兼容性错误等造成计算机不能正常工作的故障。

如使用盗版Windows安装程序、使用兼容性差的GHOST系统、安装过程不正确误操作造成的系统损坏、非法操作造成的系统文件丢失等Windows系统错误，该类错误可以重新安装操作系统或者使用操作系统提供的修复程序进行修复。

使用了与当前系统不兼容的应用软件、与计算机硬件不兼容的应用软件、程序本身的BUG、缺少运行环境等，该类故障需要用户结合应用软件使用环境来判断，是否需要更换软件版本、是否采用兼容性模式使用该软件、是否需要管理员权限、是否属于正版软件，结合杀毒软件判断软件及文件是否含有病毒与木马程序、是否有黑客袭击、系统是否有漏洞等。

▌12.1.1 程序报错

计算机程序报错是经常看到的故障现象，常见的系统故障包括以下几种。

1. 程序不可用

如图12-1所示，一般会弹出错误提示，用户可了解具体是哪个应用程序出现的故障，然后针对具体的应用程序，采取重装、卸载的方法解决。如果仍不能解决，可采取更换系统版本、重装系统、更换成替代软件、安装虚拟机并在虚拟机中运行该软件等方法解决。

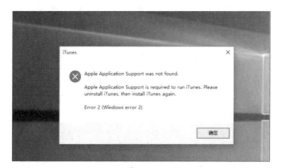

图 12-1

2. 内存不能读或写

该错误也是常见的故障，如图12-2所示。首先排除硬件故障的原因，如内存不兼容或内存品质问题，然后考虑系统本身的问题或病毒的问题。

图 12-2

如果是dll动态链接库文件和ocx控件的问题，可以重新注册，方法如下。

Step 01 按Windows键打开开始菜单，输入"cmd"，在搜索到的"命令提示符"界面中选择"以管理员身份运行"选项，如图12-3所示。

Step 02 在弹出的"用户账户控制"界面单击"是"按钮，如图12-4所示。

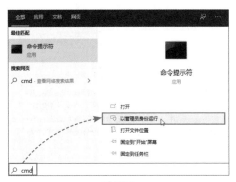

图 12-3 · 图 12-4

Step 03 在打开的"命令提示符"界面输入命令"for %1 in (%windir%\system32*.dll) do regsvr32.exe/s %i"，如图12-5所示，然后按Enter键确认。

图 12-5

Step 04 Windows开始重新注册所有的dll文件。完成后，输入命令"for %i in (%windir%\system32*.ocx) do regsvr32.exe /s %i"来重新注册所有的ocx控件，等所有的命令都完成后，重启计算机即可。

其他因为del动态链接库文件或者ocx控件引起的问题，都可以按照该方法重新注册，尝试修复错误。

3. 缺少运行环境

有些应用软件、游戏软件、编程软件的运行需要特定的运行环境，如.NET Framework、C++等。如果缺少，有些软件运行不了或者直接报错，如图12-6所示。解决方法为，可以用Windows Update自动安装，手动下载安装，或者使用第三方软件，将常用的库文件都安装上即可。

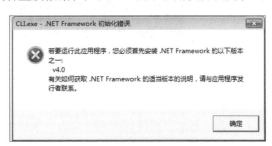

图 12-6

Step 01 下载并解压"3DMGAME 游戏运行库合集v3.0"压缩包，在压缩包列表中找到并双击启动文件，打开软件主界面，勾选需要安装的运行库，单击"安装"按钮，如图12-7所示。

Step 02 因为是离线安装包，所以不需要下载，安装非常快，如图12-8所示。

 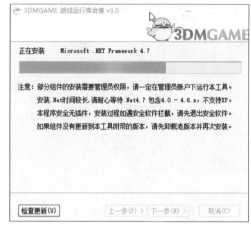

图 12-7   图 12-8

12.1.2 磁盘报错

如果磁盘本身没有问题，大多数磁盘问题都可以使用相应的软件工具进行修复。

1. 开机无法引导系统

开机无法引导系统的报错有很多种，根据不同的BIOS，报错的形式也有很多，如图12-9所示。

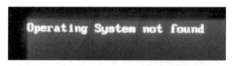

图 12-9

意思就是找不到硬盘、找不到启动设备、找不到系统等。类似的问题都可以按以下步骤解决。

排除磁盘本身的硬件问题，可以进入到BIOS中，查看是否能找到硬盘，如图12-10所示。如找不到，检查硬盘本身及连接线。

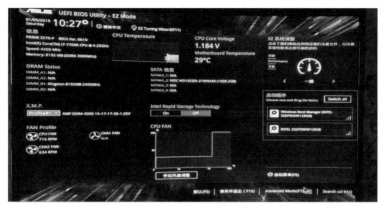

图 12-10

找到硬盘后，可以调整启动顺序，如果是UEFI启动，将带有"Windows Boot Manager"开头的设备调整到第一启动项，否则无法启动。如果找不到硬盘，请参见安装系统的BIOS设置，将硬盘模式改成UEFI和Legacy都可以运行的状态。

如果仍然无法启动，需要进入到PE中，使用引导修复工具或者是命令行模式，通过命令修复引导。

启动引导修复工具后，设置"引导分区"为"Z："，系统分区为"C："，引导分区类型设置为"UEFI"，单击"开始重建"按钮，如图12-11所示。

图 12-11

知识点拨

分区的选择

系统分区就是安装系统所在的分区，而引导分区就是EFI分区，该分区有可能在某些PE里不能显示，可使用分区软件为其指派一个盘符，这样在引导修复中，才能选择该分区。在PE中，最常发生的错误就是盘符的选择，一定要根据用户在PE里的分区情况综合判断。如是Legacy+MBR引导模式，就将UEFI变成BIOS，引导分区选择与系统分区一致即可。

其他工具还有很多，几个主要的参数包括系统分区、引导分区、引导模式等，设置正确即可。

2. 硬盘逻辑错误

硬盘分为物理故障和逻辑故障。物理故障只能通过低格屏蔽进行缓解，建议尽快更换硬盘。逻辑错误可以使用命令修复。常见的硬盘逻辑错误可以通过命令进行检查和修复。如果可以进入操作系统，就在操作系统中操作，进入不了系统，可以在PE中操作。下面介绍PE中的操作步骤。

Step 01 在PE中，使用Win+R组合键启动"运行"对话框，输入"cmd"命令，单击"确定"按钮，如图12-12所示。

图 12-12

Step 02 输入"chkdsk /?"命令查看chkdsk命令的用法，如图12-13所示。

Step 03 输入"chkdsk c: /F"命令后按回车键，对C盘进行错误扫描，如果有逻辑错误则修复，如图12-14所示。

图 12-13   图 12-14

动手练 检查并修复系统文件

扫码看视频

系统文件检查器（System File Checker）是集成在Windows系统中的一款工具软件。该软件可以扫描所有受保护的系统文件并验证系统文件的完整性，并用正确的Microsoft程序版本替换不正确的版本。

Step 01 同样在PE中，以管理员权限启动命令提示符，输入"sfc/?"命令来查看该命令的用法，如图12-15所示。

图 12-15

计算机组装与维护标准教程（全彩微课版）

182

Step 02 输入 "sfc/scannow" 命令扫描所有受保护的系统文件的完整性并修复出现的问题，如图12-16所示。

图 12-16

12.2 使用Windows启动时的"高级选项"进行修复

　　与Windows 7不同，Windows 10配备了大量的修复工具，用户在系统出现故障后，可以在启动时进入"高级选项"进行修复。

▎12.2.1 进入"高级选项"

　　和Windows 7开机按F8键进入高级选项不同，Windows 10进入到开机的"高级选项"需要其他的方法。

　　Step 01 在系统中，使用Win+I组合键进入到Windows "设置"界面，单击"更新和安全"按钮，如图12-17所示。

　　Step 02 选择"恢复"选项，单击"高级启动"中的"立即重新启动"按钮，如图12-18所示。

图 12-17

图 12-18

　　Step 03 计算机重启并进入"高级选项"界面，单击"疑难解答"按钮，如图12-19所示。

　　Step 04 单击"高级选项"按钮，如图12-20所示。

图 12-19   图 12-20

其他按钮的功能

在图12-19中，单击"继续"按钮可以退出"高级选项"，继续使用计算机。单击"使用设备"按钮可以选择启动的设备。单击"关闭电脑"可以关机。单击图12-20中的"重置此电脑"按钮恢复到刚安装操作系统的状态。

Step 05 最后进入到"高级选项"界面，可以使用此处的各种工具尝试修复计算机，如图12-21所示。

图 12-21

12.2.2 使用"启动修复"功能

"启动修复"功能可以修复计算机的启动故障。单击该功能按钮后，系统会自动诊断计算机故障，如图12-22所示，如果发现了故障会自动修复，如图12-23所示。

图 12-22   图 12-23

12.2.3 使用"卸载更新"功能

有时更新也会造成系统故障，如果安装更新后出现问题，可以卸载该更新。要卸载Windows中的更新，可以按照下面的步骤进行。

Step 01 在"高级选项"单击"卸载更新"按钮，如图12-24所示。

Step 02 在"卸载更新"可以设置卸载最新的质量更新或者功能更新。根据产生的问题选择不同的选项。单击"卸载最新的质量更新"按钮，如图12-25所示。

图 12-24

图 12-25

Step 03 选择有权限的账户，如图12-26所示。

系统会重启并按照选项卸载对应的更新。

图 12-26

Step 04 输入账户的密码，如果没有，直接单击"继续"按钮，如图12-27所示。

图 12-27

Step 05 单击"卸载质量更新"按钮，如图12-28所示。

图 12-28

接下来会自动卸载更新，完成后可以进入系统查看故障是否清除。

知识点拨

其他工具的使用

图12-24中，单击"UEFI固件设置"按钮可以进入UEFI BIOS中。单击"命令提示符"按钮可以在不进入桌面的情况下启动命令提示符，并使用系统自带的命令完成各种功能操作。单击"系统还原"按钮使用还原点还原。在"查看更多恢复选项"中，还可以使用"系统映像恢复"功能，如图12-29所示。前提条件是已经备份了整个系统的映像。该备份功能可以在"备份和还原（Windows 7）"中找到。单击"创建系统映像"按钮并按步骤创建即可，如图12-30所示。

图 12-29

图 12-30

动手练 进入"安全模式"

扫码看视频

安全模式是Windows操作系统中的一种特殊模式，在安全模式下用户可以轻松地修复系统的一些错误。安全模式的工作原理是在不加载第三方设备驱动程序的情况下启动计算机，使计算机运行在系统最小模式下，可以方便地检测与修复计算机。

如果计算机出现中毒的情况，可以进入安全模式进行杀毒；如果进不了系统、驱动有问题或注册表有问题，可以进入安全模式禁用驱动，修复注册表。对于黑屏、无限重启、蓝屏的情况，都可以进入安全模式修复。

安全模式又分为普通的安全模式、带网络连接的安全模式及带命令提示符的安全模式。

Step 01 在"高级选项"单击"启动设置"按钮，如图12-31所示。

Step 02 在"启动设置"单击"重启"按钮，如图12-32所示。

图 12-31

图 12-32

计算机组装与维护标准教程（全彩微课版）

Step 03 重启计算机后，进入到"启动设置"界面，使用F1～F9键选择模式。这里按F4键进入到常见的"安全模式"，如图12-33所示。

Step 04 进入安全模式后，就可以使用其他方法对系统进行修复，如图12-34所示。

图 12-33

图 12-34

知识点拨

禁用驱动程序强制签名

如果在启动计算机时，发生如图12-35所示的故障，或者在系统中出现安全警告提示，如图12-36所示，可以在图12-33中选择"禁用驱动程序强制签名"来解决。

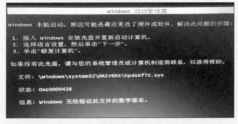

图 12-35

图 12-36

驱动程序签名又叫作驱动程序的数字签名，是由微软的Windows硬件设备质量实验室完成的。硬件开发商将自己的硬件设备和相应的驱动程序交给该实验室，由实验室对其进行测试，测试合格后实验室将在其驱动程序中添加数字签名。

由于数字签名是针对整个驱动程序的所有软件进行的，所以在完成签名后再对驱动程序进行任何更改都会导致签名无效，这就避免了在驱动程序中添加恶意代码传播病毒的可能性。

知识点拨

快速进入"高级选项"页面的方法

用户可以在重启时，按住"Shift"键的同时单击"重启"按钮，即可快速进入"高级选项"页面，也可以在多次重启失败后，自动进入"高级选项"。制造多次重启，可以多次在进入系统时，按机箱上的"重启"按钮，但容易产生不可预料的后果。

12.3 Windows蓝屏故障

Windows蓝屏是一件非常让人头疼的事情。蓝屏是在无法从一个系统错误中恢复过来时，为保护计算机数据文件不被破坏而强制显示的屏幕图像。Windows操作系统的蓝屏死机提示已经成为标志性的画面。大部分是系统崩溃，如图12-37所示。

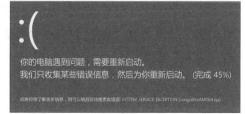

图 12-37

12.3.1 蓝屏故障的产生原因

蓝屏故障的产生原因非常多，几乎涵盖了整个计算机系统的方方面面。

- 不正确的CPU运算。
- 运算返回了不正确的代码。
- 系统找不到指定文件或者路径。
- 硬盘找不到指定扇区或磁道。
- 系统无法打开文件。
- 系统运行了非法程序。
- 系统无法将文件写入指定位置。
- 开启共享过多或者访问过多。
- 内存控制模块读取错误，内存控制模块地址错误或无效，内存拒绝读取。
- 物理内存或虚拟内存空间不足，无法处理相关数据。
- 网络出现故障。
- 无法中止系统关机。
- 指定的程序不是Windows可识别的程序。
- 错误更新显卡驱动。
- 计算机超频过度。
- 软件不兼容或有冲突。
- 计算机病毒破坏。
- 计算机温度过高。

12.3.2 蓝屏故障的一般解决方案

偶然性的蓝屏可以重启计算机。如果是开机就蓝屏，多数和系统引导有关，可以修复引导。如果缺失文件，可以采用替换或者从其他计算机复制正常的文件过来。如果是超频和BIOS引起的，恢复默认值即可。

在使用过程中，运行某个软件造成的蓝屏，可以通过进入安全模式卸载软件或者更换软件的方法解决。

硬件引起的蓝屏多数集中在内存和硬盘上，可以先清理内存，然后更换硬盘接线、接口、检测硬盘坏道来进行测试。

如果是系统问题造成的故障，可通过进入PE环境测试或者更换系统测试。如果系统没有问题，那么就要使用替换法排查硬件了。

动手练 使用疑难解答处理计算机故障

Windows 10系统自带"疑难解答"功能，可以在"控制面板"中查找并启动"疑难解答"界面，选择"查看全部"选项，从中查看所有的疑难解答。

Step 01 在全部"疑难解答"中可以查看到所有的疑难解答能解决的问题，如单击"Windows更新"按钮，如图12-38所示。

Step 02 "疑难解答"会自动检测该项目是否有问题并自动修复，如图12-39所示。

图 12-38

图 12-39

知识点拨

其他启动"疑难解答"页面的方式

除了上面提到的启动疑难解答的方法外，在Windows的其他设置界面中，如果含有疑难解答，都可以启动并对该设置项进行检查，"网络和Internet"中的疑难解答如图12-40所示，"声音"中的疑难解答如图12-41所示。

图 12-40

图 12-41

189

知识延伸：使用第三方工具进行计算机修复

除了系统功能外，用户也可以使用第三方软件对计算机进行修复。

Step 01 启动"QQ电脑管家"，切换到"工具箱"界面，在这里可以看到很多工具，单击"电脑诊所"按钮，如图12-42所示。

Step 02 在电脑诊所可以查看所有分类，也可在搜索框中输入遇到的问题，单击"搜索"按钮，如图12-43所示。

图 12-42

图 12-43

Step 03 在搜索结果界面中单击"一键修复"下的"电脑没有声音"按钮，如图12-44所示。

Step 04 在弹出的界面中单击"立即修复"按钮，如图12-45所示。

图 12-44

图 12-45

软件自动检测并调整音频各项设置，然后弹出完成提示，如图12-46所示。

图 12-46

计算机组装与维护标准教程（全彩微课版）

第13章
计算机硬件故障检测及维修

本章介绍硬件的故障检测和维修方法。硬件的检测和维修包括计算机内部组件和一些关键的外部组件。通过本章的学习，读者可以判断并维修一些常见的计算机硬件故障。

13.1　CPU常见故障及维修

CPU出现故障后，往往出现计算机无法启动、死机、重启、运行缓慢等现象。

13.1.1　CPU常见故障现象

CPU出现故障后，现象主要有如下几种。

- 加电后系统没有任何反应，主机无法启动。
- 计算机频繁死机（这种情况在其他配件出现问题后也会出现，可以使用排除法查找故障出处）。
- 计算机不断重启，特别是开机不久便连续出现重启的现象。
- 不定时蓝屏。
- 计算机性能下降，下降的程度相当大。

13.1.2　CPU故障处理的顺序

CPU出现故障后，应当按照一定的顺序查看CPU的故障情况，然后分析原因。

- 在开不了机的情况下，检查CPU是否插好，是否存在接触不良的故障。
- 排除接触不良，检查CPU的供电电压是否有问题，此时重点检查电源。
- 开机后，用手快速触摸CPU，查看是否有温度，如果没有温度，说明供电确实有问题或者CPU已经损坏。
- 如果可以开机但存在死机的故障，需要检查CPU散热系统是否工作正常。
- 检查CPU是否超频，如果超频，需要将频率改回来。

13.1.3　CPU常见故障的原因

接下来介绍CPU一些常见故障的原因，根据原因寻求解决方法。

1.散热造成的故障

CPU工作时会散发大量的热，当CPU散热不良时，会使CPU温度过高，造成计算机死机、黑屏、机器变慢、主机反复重启等。

经常发生由于CPU风扇安装不当造成风扇与CPU接触不够紧密，而使CPU散热不良的故障。解决方法是在CPU上均匀涂抹一层薄薄的硅脂后，正确安装CPU风扇。

如果CPU散热器的灰尘很多，可以将CPU风扇卸下，用毛笔或软毛的刷子将灰尘清除。如果CPU风扇的功率不够大或老化，可以更换CPU风扇。

2.超频不当造成的故障

超频后的CPU运算速度会更快，但是对计算机稳定性和CPU的使用寿命都有影响。超频后，如果散热条件达不到散发的热量需要的标准，将出现无法开机、死机、无法进入系统、经常蓝屏等状况。所以在超频的同时，需要通过增加散热条件、提高CPU的工作电压，增加稳定性。如果故障依旧，建议普通用户恢复CPU的默认工作频率。

3. CPU 预警温度设置不当引起的故障

如果在BIOS中将警戒值设置得过低，很容易会产生死机、黑屏、重启等故障，而如果设置得过高，CPU瞬时发热量过大，很容易造成CPU的烧毁。

4. 物理故障

CPU在运输过程及用户的安装过程中，特别需要注意CPU的完好性。在检查时，不仅要检查CPU与插槽之间是否连接通畅，而且要注意CPU底座是否有损坏或安装不牢固。

尤其要注意针脚，不管是在CPU还是在主板插槽上，安装触碰时都需要小心。一旦弯曲了，掰直会非常费时间，还会影响CPU的安全及性能。

13.1.4　CPU故障修复实例

接下来通过几个CPU故障的排除实例，让用户了解整个诊断和排除过程。

1. 主机重启故障

用户更换了CPU的散热器，在安装后稳定运行了一个月左右，由于计算机的使用频率一直不高，因此也没有遇到什么问题。但随着使用频率的增加和天气越来越热，问题出现了。开机之后只能正常工作40min，然后便会重启，随着使用时间的增长，重启的频率越来越高。

CPU产生的热量不能及时散发，会发生由于温度过高而出现频繁死机的现象。一般情况下，如果主机工作一段时间后出现频繁死机的现象，首先要检查CPU的散热情况。

在开机情况下查看散热器风扇的运转情况，一切正常，说明风扇没有问题。接着将散热器重新拆下，认真清洗后重新装上，开机后问题如故。于是更换了散热风扇，计算机就可以正常工作了。经反复对比发现，原来是扣具方向装反了，造成散热片与CPU核心部分有空隙，热量无法正常散发，从而导致CPU过热。

随着工艺和集成度的不断提高，CPU核心发热已是一个比较严峻的问题，因此CPU对散热风扇的要求也越来越高。散热风扇安装不当引发的问题相当普遍和频繁。用户在挑选散热器时，应选择质量过硬的CPU风扇并正确安装，否则轻则造成计算机重启，重则造成CPU烧毁。

2. 硅脂造成的故障

为了让CPU更好地散热，在芯片表面和散热片之间涂了很多硅脂，但是CPU的温度没有下降，反而升高了。

硅脂是用来提升散热效果的，正确的方法是在CPU芯片表面薄薄地涂上一层，能覆盖芯片即可。涂多了反而不利于热量传导，因为硅脂容易吸收灰尘，硅脂和灰尘的混合物会大大影响散热效果。

13.2 主板常见故障及维修

主板是计算机的中枢，主板出现故障的概率不高，但仍然要综合考虑故障原因。

13.2.1 主板常见故障现象

主板是计算机的中转站，所有的设备其实都连接到了主板上并在其中进行数据的高速中转，主板的稳定性直接影响计算机工作的稳定性。由于主板集成了大量电子元件，作为计算机的工作平台，主板故障的表现形式也是多种多样，而且涉及大量不确定因素。主板的主要故障现象有如下几种。

- 计算机经常死机。
- 计算机经常重启。
- 计算机的接口无法使用。
- BIOS无法保存、无法进入BIOS。
- 计算机无法开机。
- 计算机经常蓝屏。
- 没有声音、网络无法连接。

13.2.2 主板的维修思路

Step 01 先了解主板发生故障的原因，在什么状态下发生了故障，或者添加、去除了哪些设备后发生了故障。

Step 02 通过倾听主板报警声的提示判断故障。如果CPU未能工作，则检查CPU的供电电源。

Step 03 可以借助放大镜、强光手电对主板上的元器件进行仔细排查。虽然比较烦琐，但这是主板维修比较重要的一步。

Step 04 主板维修前，需要对主板进行清理，除去主板上的灰尘、异物等容易造成故障的因素。清理时一定要去除静电，使用油漆刷、毛笔、皮老虎、电吹风等设备仔细进行清理，尽量减少二次损害的发生。

Step 05 清理接口，可以排除接触不良造成的故障。一定要在切断电源的情况下进行，可以使用无水酒精、橡皮擦除去接口的金属氧化物。

Step 06 使用最小系统法进行检修。主板只安装CPU、风扇、显卡、内存，然后短接进行点亮，查看能否开机，再添加其他设备进行测试。

13.2.3 主板常见故障原因及解决办法

如果不确定是不是主板发生的故障，可以采取替换法测试，也可以通过主板检测卡进行测试，或者通过主板自带的DEBUG灯来判断，如图13-1、图13-2所示。

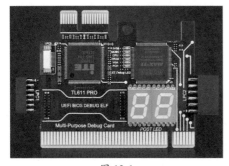 

图 13-1   图 13-2

1. 常见的主板故障原因

- 主板驱动程序有BUG。
- 主板元器件接触不良。
- 主板元器件短路或者损坏。
- CMOS电池没电。
- 主板兼容性较差。
- 主板芯片组散热出现问题。
- 主板BIOS损坏。

2. CMOS 故障的解决办法

主要故障就是电池没电，造成CMOS设置信息无法保存，每次开机恢复默认配置，由于默认配置的时间、硬盘模式、超频参数、开机顺序等无法保存，很容易造成开机报错、时间不对、无法从硬盘启动、无法从U盘启动的故障。解决方法是查看CMOS清空跳线位置是否正常，如果一直处在清空位置，请将其调回默认正常位置。如果主板电池没电，尽快更换电池。

其他情况就是BIOS设置问题，可以将BIOS恢复默认值，然后重新调整。恢复默认值，可以在BIOS中找到并选择"LOAD Optimized Defaults"选项，如图13-3所示。最后按F10键保存退出。

图 13-3

3. 主板保护性故障

所谓保护性故障，指主板本身正常的保护性策略在其他因素的影响下误判断造成的故障，如由于灰尘较多，造成主板上的传感器热敏电阻附上灰尘，把正常的温度误认为高温造成的报警信息，从而引发保护性故障。

所以在计算机使用一段时间后，需要对主机、主板进行清扫，排查异物，如小螺丝钉等，还要做去除金属氧化物的操作。

 ## 13.3　内存常见故障及维修

内存是出现故障较多的内部组件，而且内存故障的表现非常明显。本节介绍内存的常见故障现象及排除方法。

13.3.1　内存常见故障现象

内存是CPU数据的直接来源，也是沟通CPU和硬盘等外部存储的重要设备。负责临时数据的高速读取与存储，是最小化系统启动必不可少的部分。内存出现故障有以下几种情况。

- 开机无显示，主板报警。
- 系统不稳定，经常产生非法错误。
- 注册表损坏，提示用户恢复。
- Windows自动从安全模式启动。
- 随机性死机。
- 运行软件时，提示内存不足。
- 计算机莫名其妙自动重启。
- 计算机经常随机性蓝屏。

13.3.2　内存常见故障原因

内存常见故障的原因主要有以下几种。

- 内存金手指氧化。
- 内存颗粒损坏。
- 内存与主板插槽接触不良。
- 内存与主板不兼容。
- 内存电压过高。
- CMOS设置不当。
- 内存损坏。

● 超频带来的内存工作不正常。

13.3.3　内存的检测流程

内存出现问题后，可以按照下面的方法排查故障原因。

● 先将内存拔下，用橡皮清理内存金手指和主板内存插槽，然后装入计算机再开机，也可换一个插槽放内存。

● 如果不能开机，检查内存供电是否正常。如果没有电压，排查机箱电源故障。

● 如果电源正常，则检查内存芯片是否损坏，如损坏，直接更换内存条。

● 如果内存芯片完好，有可能是内存和主板不兼容，建议用替换法排查。

● 如果可以开机，可以通过系统自检查看问题或者使用检测软件检测。

● 如果自检不正常，首先检查内存的大小与主板支持的大小是否有冲突。

● 如果没有冲突，就要考虑内存与主板是否不兼容。如果超出了主板支持的大小，就只能更换内存或者主板。

● 如果自检正常，查看使用时是否有异常，在异常的情况下，发热量是否过大。

● 如果发热量过大，需要进一步查看是否超频、是否散热系统有问题。

13.3.4　内存常见故障及排除方法

内存产生故障的概率很大，使用一些常见的方法可以快速发现故障并排除。

1. 物理损坏

可以使用观察法查看内存是否物理损坏，如观察内存是否有焦黑、发绿等现象，如图13-4所示。观察内存表面内存颗粒及控制芯片是否有缺损或异物。如果存在损坏，建议尽快更换。

图 13-4

2. 金手指氧化

金手指接触不良，最主要的原因就是金手指氧化、内存插槽有异物、损坏等。内存接触不良，最主要的表现是系统黑屏、无法启动。处理方式就是清除异物、对金手指的氧化部分进行如下处理。

● 用橡皮擦轻轻擦拭金手指。

● 用铅笔对氧化部分进行处理，提高导电性能。

● 用棉球沾无水酒精擦拭金手指，但是要等酒精挥发完毕再安装。

● 使用砂纸轻轻擦拭金手指，一定要注意力度。

● 使用毛刷及吹风机清理内存插槽，如图13-5所示。

图 13-5

3. 超频导致的故障

用户使用超频软件或者手动调整内存时序或者频率后，会使内存工作不正常，出现黑屏、死机、速度变慢等故障。用户在遇到该问题时，可以进入BIOS内，查看内存的参数是否更改，如图13-6所示。可以恢复到默认值，看故障现象是否消失。用户可以使用专业的测试软件，对可能发生问题的内存条进行读写测试，根据测试报告综合判断内存颗粒是否发生了故障，如图13-7所示。

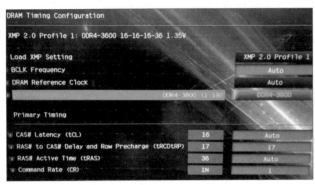

图 13-6

图 13-7

4. 通过警报和代码判断

有些主板带有蜂鸣器，在开机时如果蜂鸣器长鸣，说明内存出现了故障。主板Debug灯也会在"DRAM"位置点亮，而且如果有代码或者使用检测卡，C开头或者D开头的故障代码大多表示内存出现问题。

13.4 硬盘常见故障及维修

硬盘的软故障直接导致系统无法启动，12.1.2节中介绍了几种常见的现象和解决方法，而硬盘故障还有其他的表现形式和解决方法。

13.4.1 硬盘常见故障现象

硬盘是计算机最主要的外部存储设备，是计算机主要的数据存放位置。硬盘故障会造成数据的丢失，所以硬盘故障是用户最不愿意看到的情况，而硬盘故障也会导致以下几种常见现象出现。

- 计算机BIOS无法识别硬盘。
- 无法启动计算机，出现错误提示。
- 计算机启动，系统长时间不动，最后显示"HDD Controller failure"的错误提示。
- 计算机异常死机。
- 频繁无故出现蓝屏。

- 数据文件无法拷贝出来或写入硬盘。
- 计算机硬盘工作灯长亮，但是系统速度非常慢，经常无反应。
- 读取硬盘文件报错。
- 无法读取硬盘。
- "磁盘管理"无法正确显示硬盘状态。

13.4.2 硬盘故障的主要原因

硬盘是比较容易产生问题的部件，常见的故障原因主要有以下几种。

1. 电路出现问题

如果供电电路出现问题，会直接导致硬盘不工作。现象有硬盘不通电、硬盘检测不到、盘片不转动、磁头不寻道。

2. 接口损坏

接口损坏包括插针折断、虚焊、污损、接口塑料损坏等。

3. 缓存出现问题

缓存出现问题会造成硬盘不能被识别、乱码、进入操作系统后异常死机。

4. 内部硬件损坏

磁头芯片的作用是放大磁头信号、处理音圈电机反馈信号等。该芯片出现问题可能导致磁头不能正常寻道、数据不能写入盘片、不能识别硬盘、出现异常响动等故障。电机驱动芯片主要用于驱动硬盘主轴电机及音圈电机，是故障率较高的部件。由于硬盘高速旋转，该芯片发热量较大，因此常因为该芯片温度过高而出现故障。

5. 磁盘坏道

因为震动、不正常关机、使用不当等原因造成磁盘坏道，会造成计算机系统无法启动或者频繁死机等故障。

6. 分区表出现故障

因为病毒破坏、误操作等原因造成分区表损坏或者丢失，使操作系统无法启动。

13.4.3 硬盘故障排查

硬盘故障的排查可以按照下面的步骤进行。

`Step 01` 如果无法启动系统，先查看硬盘是否有异常响动。

`Step 02` 如果有的话，可能是硬盘固件损坏、硬盘电路出现问题、硬盘盘体出现损坏。

`Step 03` 如果没有异常响动，那么需要进入BIOS中查看是否能够检测到硬盘。

Step 04 如果不能检测到硬盘，那么需要检查硬盘电源线有没有接好、硬盘信号线有没有损坏、硬盘电路板有没有损坏。

Step 05 如果可以检测到硬盘信息，那么需要查看硬盘系统文件是否损坏。如果没有损坏，那么故障出现在硬盘与主板上，或其他硬件有兼容性问题。

Step 06 如果系统文件被损坏，那么只能进行修复或者重新安装操作系统。

Step 07 维修后如果可以正常进入操作系统，那么仅仅是系统文件损坏。如果仍不能进入系统，说明硬盘出现了坏道。

Step 08 使用低级格式化软件，手动屏蔽掉坏道，或者更换新硬盘。

13.4.4 硬盘常见故障及排除方法

硬件出现故障后，最直接的影响就是数据丢失，所以建议读者多进行备份。虽然硬盘出现故障的概率较大，但硬盘在计算机硬件中还是比较耐用的设备，通常小毛病往往出现在外部连接中。

硬盘外部故障常常导致系统不能正常工作。硬盘外部连接故障有：主板硬盘接口松动、损坏，连接硬盘的电源线损坏或电源接口损坏，硬盘接口的金手指损坏或者氧化。检测硬盘的外部连接问题，需要对硬盘外部连接线进行排查，包括主板与硬盘的连接、电源与硬盘的连接等。还需要检查主板的硬盘接口有没有损坏、氧化，连接线是否有折断或者烧焦现象，接口插槽有没有异物。

可以采用替换法及排除法，更换连接线及硬盘。如果系统还不能工作，可以将重点集中在主板及系统上。通过替换法及排除法，可以准确地判断出是主板接口、电源、连接线还是硬盘本身出现了问题。

在硬盘外部连接中，容易忽视的金手指也需要仔细检测。因为氧化及损坏的原因造成系统不能正常工作。如果硬盘的外接电源不稳定，会出现死机、不断重启或者运行缓慢的状况，所以在检测时，硬盘外接电源是否正常供电也需要特别关注。如果可以进入系统，而且可以检测到硬盘，可以使用专业的硬盘检测软件对硬盘进行测试。

经常使用的硬盘检测软件是HD Tune。该软件是一款硬盘性能检测诊断工具，可以对硬盘的传输速度、突发数据传输速度、数据存取时间、CPU使用率、硬盘健康状态、温度等进行检测，还可以扫描硬盘表面，检测坏道等。另外还可以查看硬盘的基本信息，如：固件版本、序列号、容量、缓存大小以及当前的传输模式等。

13.5 显卡常见故障及维修

如果没有超频，显卡也属于非常耐用的硬件。显卡故障主要集中在软件，也就是驱动方面，另外散热故障发生概率也比较多。

13.5.1　显卡常见故障现象

显卡故障表现为如下几种现象。

- 开机无显示。
- 显卡不工作。
- 系统工作时发生蓝屏现象。
- 显示不正常，出现偏色现象。
- 显示画面不正常，出现花屏现象。
- 屏幕出现杂点或者不规则图案。
- 运行游戏时发生卡顿、死机现象
- 显示不正常，分辨率无法调节。

13.5.2　显卡故障的主要原因

造成显卡故障的主要原因有以下几种。

1. 接触不良

该故障主要由灰尘、金手指氧化等造成，在开机时有报警提示。可以重新安装显卡，清除显卡及主板的灰尘。拆下显卡后仔细观察金手指是否发黑、氧化，板卡是否变形。

2. 散热引起的故障

显卡在工作时，显示核心、显存颗粒会产生大量热量，而这些热量如果不能及时散发出去，往往会造成显卡工作不稳定，所以出现故障后，需要检查显卡的散热，风扇是否正常运行，散热片是否可以正常散发热量。

3. BIOS 中设置不当

这里主要指和显卡相关的各种参数的设置。如果设置出现问题，会造成很多故障，这在超频后经常发生。

4. 显卡显存造成的故障

如果挑选显卡时选择了劣质显卡，显存质量不过关。由于散热不良、损坏等原因，会引起计算机死机现象。

5. 显卡工作电压造成的故障

现在很多高端显卡需要额外的电源供电，如果电源的额外供电不能满足显卡的供电需求，会导致计算机随机发生故障，所以电源的好坏关系到整个平台的稳定性。

6. 兼容问题造成的故障

兼容问题通常发生在升级或者计算机刚组装完成时，主要表现为主板与显卡不兼容，或者由于主板插槽与显卡不能完全接触所产生的物理故障。

13.5.3 显卡故障的排除

根据不同的故障原因，可以通过不同的方式排除显卡的故障，常见的排除方法有如下几种。

1. 清理氧化问题

使用橡皮擦擦拭金手指，清除氧化部分，可以解决由于金手指氧化引起的显卡与主板接触不良的问题。在实际情况中，有很多故障可以通过清理金手指氧化得到修复。

2. 检查物理状况

仔细查看显卡表面是否有元器件损坏或烧焦，以此为线索可以快速查到显卡的故障源，通过更换配件进行修复。

3. 查看参数

在显卡出现故障后，通过查看显卡参数及说明书，可以了解显卡的各工作参数、正常值范围，并快速判断显卡的工作异常点，以此为线索，找到故障位置。

4. 检测显存

如果计算机可以进入操作系统，但是经常遇到死机或者花屏现象，可以使用第三方测试软件对显卡的显存进行测试。如果显存存在故障，可以更换相同型号的显存芯片。

5. 刷新显卡BIOS

显卡BIOS芯片用于存放显示芯片与驱动程序间的控制程序及显卡的型号、规格、生产厂家、出厂信息等参数。当其内部的程序损坏后，会造成显卡无法正常工作、显示黑屏等故障。对于此类故障，用户可使用专业的工具对BIOS程序进行刷新来排除故障。

6. 显示异常

此类故障多为显示器或者显卡不能够支持高分辨率，或显示器分辨率设置不当。处理方法为，花屏时可切换启动模式到安全模式以查看显卡驱动。

显示器显示的颜色不正常，如底片或者过分鲜艳、缺色等。此类问题在自己组装的计算机中比较常见，主要原因是显卡与主板不兼容，会经常出现开机驱动程序丢失、图标变大、死机、花屏等问题。先尝试更新显卡驱动程序，如果问题不能解决，可以尝试刷新显卡和主板的BIOS版本，但是刷新BIOS有一定的风险，要在刷新前做好备份工作。

13.6 电源常见故障及维修

虽然电源无法直接提升计算机的性能，但电源的稳定性直接关系到计算机内部组件工作的稳定性。本节将介绍电源的常见故障及排除方法。

计算机组装与维护标准教程（全彩微课版）

13.6.1　电源常见故障现象

电源的常见故障表现形式有以下几种。

- 无电压输出，计算机无法开机。
- 计算机反复重启。
- 计算机频繁死机。
- 启动一段时间后自动关闭。
- 输出电压高于或低于正常电压。
- 电源无法工作，有烧焦的异味。
- 计算机启动时有异响或有火花冒出。
- 电源风扇不工作。

13.6.2　电源常见故障原因

电源的常见故障主要由以下几种原因引起。

- 电源输出电压低。
- 电源输出功率不足。
- 电源损坏。
- 电源保险丝被烧坏。
- 开关管损坏。
- 电容损坏。
- 主板开关电路损坏。
- 机箱电源开关线损坏。
- 机箱风扇损坏。

13.6.3　电源故障排查流程

电源故障后，最好交给专业人员进行维修，电源故障排查流程如下。

- 观察是否可以开机，如果不能开机则检查电源开关是否工作正常。
- 如果电源开关损坏，维修电源开关。
- 如果电源开关正常，测试电源是否能工作。
- 如果电源不能工作，检查电源保险丝、电源开关管、电源滤波电容。
- 如果电源可以工作，则检查主板是否正常。
- 如果主板正常，故障点在于电源负载过大。
- 如果主板损坏，查看是主板开关电路出现故障还是其他部分损坏。
- 如果计算机可以开机，检测计算机工作时是否会重启或者死机。
- 如果检测计算机时重启或者死机，检查电源电压是否正常。

- 如果电压不正常，需要对电源进行检修。
- 如果电压正常，重点查看内存、CPU等部件，查看是否由其他原因引起。

13.6.4 常见电源故障案例及排除方法

电源故障的维修需要专业的维修技术，普通用户主要以确定是否电源故障为主。

1. 电源无直流电输出

电源无直流电压输出的故障涉及的范围较大，首先拆下电源，单独接上220V市电进行测试，发现电源接头3.3V、5V、12V和待机电压均为0V，说明辅助电路没有工作，故障应当在辅助电路上。

拆开电源外壳，观察电路板外观，发现保险管发黑，主电源两只开关爆裂，匹配电阻也已经烧黑。拆除损坏的开关管、电阻等元器件，更换保险管。

2. 电源风扇转动，但主机不能启动

该故障一般是由于输出电压不稳定、滤波不良或PG信号不正常引起。检查维修步骤如下：通电检测电源的±5V，±12V，+3.3V输出电压，均正常，检查PG信号输出电压，发现电压不正常。打开电源外壳进行检查，发现300V整流滤波电容上面出现严重鼓包。更换相同规格的电容后，通电测试，PG信号端输出电压正常，故障排除。

3. 开机后自动关机

工作用的计算机一直都很正常，最近每次开机仅几分钟，计算机就会自动关机，主机及显示器上的指示灯全亮，风扇也在运转，但并无反应，只有关掉电源重新启动才能正常工作。

电源在工作一段时间后，发热会变大，元器件会出现工作不稳定的情况，导致输出电流断路，所以需要定期检修电源，排除故障。

4. 系统死机故障

系统启动后不久就死机，显示器黑屏无信号。无论是进入Windows系统还是在BIOS中都会出现此故障，一旦死机，无论复位键还是电源键均不能关机，只有拔掉电源线且必须等待一定时间后才能再次开机。

由于此机器是刚装的操作系统，因此不可能是软件故障造成的。考虑到BIOS设置也会导致死机的情况，于是恢复BIOS初始设置、打开机箱拆下其他硬件最小化引导、更换内存条、检查CPU故障依旧，用万用表测量内部供电插头电压均正常，由于此机为ATX电源，给主板供电的插头无法拔下测量，故没有测量。分析本机购机已多年且内部设备较多，电源在长期高负荷下运行可能是电源部分的故障。

将机器带至维修处，准备使用替换法，但开机运行一切正常且连续运行几小时均未出现死机现象。回家后开机启动故障依旧，开始想会不会和市电有关。经测量市电电

压高达240V，高于正常电压，加上稳压器后启动故障消除，连续几小时均正常运转。分析为电源部件老化，长期高负荷运行已不能起到稳压作用，家中又没有配置UPS电源导致电压高时无法正常工作，至此故障排除。

5. 风扇故障

客户送来的主机，经常发生死机现象，经过排查，发现电源风扇停止转动。

计算机电源的风扇通常接在+12V直流输出端的直流风扇。如果电源输入输出一切正常，而风扇不转，多为风扇电机损坏。如果发出响声，其原因之一是由于机器长期运转或运输过程中的强烈振动引起风扇的4个固定螺钉松动；其二是风扇内部灰尘太多或含油轴承缺油，只要及时清理或加入适量的高级润滑油，故障就可排除。

13.7 显示器常见故障及维修

显示器比较耐用，故障率较低，发生故障后现象非常明显。

13.7.1 显示器常见故障现象

显示器的常见故障有以下几种。

- 显示器无法显示。
- 显示器画面昏暗。
- 显示器出现花屏。
- 显示器出现坏点。
- 显示器出现偏色。
- 显示器无法正常显示。

13.7.2 显示器故障的主要原因

显示器故障的主要原因有以下几种。

- 电源线接触不良。
- 显示器电源电路出现问题。
- 液晶显示器背光灯损坏。
- 液晶显示器高压电路板有故障。
- 显示器控制电路故障。
- 显示器信号线接触不良或损坏。
- 显示电路故障。
- 显卡出现故障。

▎13.7.3 显示器故障的排查流程

显示出现故障后，可以依据下面的步骤排查原因。

- 开机后，查看显示器能否显示。
- 如果不能显示，需要检查信号线、计算机显卡、控制电路、接口电路。
- 如果能显示，查看显示画面是否正常。
- 如果画面不正常，需要检查信号线是否接触不良；检查控制电路；检查屏显电路；检查背光电路。
- 如果显示器不能开机，检查电源线是否已经连接。
- 如果电源线已经连接，那么检查电源电路保险是否烧坏。
- 如果电源电路烧坏，更换电源电路保险丝，并检查电源电路是否还有其他故障。
- 如果没有烧坏，检查电源是否有电压输出。
- 如果有电压输出，检查时钟信号及复位信号。
- 如果没有电压输出，需要检查电源开关按键、开关管、滤波电容、稳压管、电源管理、芯片等元器件。

▎13.7.4 显示器故障的排除

1. 显示器出现水波纹

计算机正常使用，显示器突然出现了水波纹，而且不是一直产生，而是很有规律的在某一时段产生，如图13-8所示。

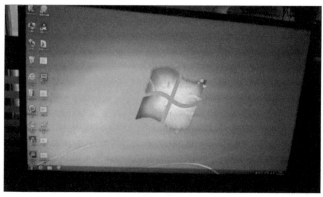

图 13-8

故障产生的原因包括：分辨率或者刷新率设置过高；显示器或显卡不堪重负；显示器品质低劣；显示器受到干扰。

因为是正常使用中突然发生的问题，用户突然想起微波炉与计算机接入的同一电源。关闭微波炉后故障消失，判断为受到干扰。通过连接不同电源，另将主机做屏蔽处理，再次开机后故障消失。

2. 显示器花屏

显示器出现花屏，如图13-9所示。

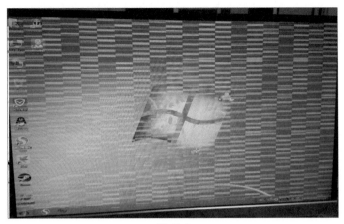

图 13-9

产生该故障的原因主要有以下几种。

● 显示器设置的分辨率过高。

● 显卡的驱动程序不兼容或者版本有问题。

● 由于计算机病毒引起的花屏。

● 连接线出现松动，连接线品质有问题或者出现损坏。

● 显卡出现问题，可能过热，超频过高，也有可能显卡本身质量有问题。

● 显卡和主板不兼容，或者插槽有问题，接触不良。

使用替换法进行排查，发现显示器连接其他主机也存在花屏现象，排除主板及显卡的故障。经过检测，发现显示器排线损坏，更换后故障解决。

知识延伸：笔记本电脑常见故障及排除

笔记本电脑发生故障的原因非常多，常见的故障及排除方式如下。

1. 笔记本电脑不加电（电源指示灯不亮）

- 检查外接适配器是否与笔记本电脑正确连接，外接适配器是否正常工作。
- 如果只用电池做电源，检查电池型号是否为原配电池；电池是否充满电；电池安装是否正确。

2. 笔记本电脑电源指示灯亮但系统不运行，LCD 也无显示

- 按住电源开关并持续4秒来关闭电源，再重新启动检查是否启动正常。
- 检测外接显示器是否正常显示。
- 检查内存是否插接牢靠。
- 清除CMOS信息。
- 尝试更换内存、CPU、充电板。
- 维修笔记本主板。

3. 显示图像不清晰

- 检测调节显示亮度后是否正常。
- 检查显示驱动安装是否正确，分辨率是否适合当前的尺寸和型号。
- 检查屏线连接是否正确。
- 检查背光控制板工作是否正常。
- 检查主板上的芯片是否存在冷焊和虚焊现象。
- 尝试更换主板。

4. 无显示

- 通过状态指示灯检查系统是否处于休眠状态，是则按电源开关键唤醒。
- 检查连接外接显示器是否正常。
- 检查是否加入电源。
- 检查屏线两端连接是否正常。
- 更换背光控制板或液晶屏。
- 更换主板。

5. 电池电量在系统中识别不正常

- 确认电源管理功能在操作系统中启动并设置正确。
- 将电池充电三小时后再使用。
- 在系统中将电池充、放电两次。
- 更换电池。

6. 触控板不工作

- 检查是否有外置鼠标接入并用测试程序检测是否正常。
- 检查触控板连线是否连接正确。
- 更换触控板。
- 检查键盘控制芯片是否存在冷焊和虚焊现象。
- 更换主板。

7. USB口不工作

- 在BIOS设置中检查USB口是否设置为"ENABLED"。
- 重新插拔USB设备，检查连接是否正常。
- 检查USB端口驱动和USB设备驱动程序安装是否正确。
- 更换USB设备或联系USB设备制造商获得技术支持。
- 更换主板。

8. 声卡工作不正常

- 用检测程序检测声卡是否正常。
- 检查音量调节是否正确。
- 检查声源是否正常。
- 检查声卡驱动是否正确安装。
- 检查喇叭及麦克风连线是否正常。
- 更换主板。

第14章
计算机系统的管理与优化

计算机在安装了操作系统、驱动和应用软件后就可以使用，使用计算机的同时，也需要对计算机系统进行了解。为了让计算机长期处于最佳运行状态，除了定期维护计算机硬件外，还需要经常对操作系统进行管理与优化。本章将介绍计算机系统的管理与优化的相关知识和技巧。

在日常使用计算机时，需要保证计算机有一个良好的运行环境，因此要定期对硬件进行维护，这样才能让计算机处于一个良好的工作状态。

14.1.1 计算机使用的环境要求

因为计算机一般在室内使用，所以室内环境的要求需要满足如下条件。

1. 保持合适的温度

计算机在启动后，各部件会慢慢升温，如果温度过高，会加速电路及零部件老化，引起脱焊等。

2. 保持合适的湿度

计算机周围的湿度应保持在30%～80%，湿度过大会腐蚀计算机零部件，严重会造成短路。湿度过低，容易产生大量静电，在放电时容易击穿内部芯片。

3. 保持环境清洁

静电可以吸附大量灰尘，影响计算机散热，可能造成短路，所以要保持计算机机箱周围的清洁并定期清理内部组件，尤其是散热器和风扇。

4. 保持稳定的电压

电压过高或过低都会影响计算机正常运行，因此计算机不要与空调、冰箱等大功率家电共用线路或插座，避免瞬间的电压变化过大造成计算机故障。

5. 防止磁场干扰

机械硬盘采用磁介质存储数据，如果计算机附近有强磁场，会影响磁盘存储的可靠性，另外强磁场会产生额外的电压电流，容易引起显示器故障。

14.1.2 计算机硬件维护技巧

除了计算机的外部环境，每一个计算机硬件在使用时都有一定的注意事项。

● CPU的主要影响因素是高温和高电压，解决高温可以选购一款好的散热器，硅脂涂抹时要均匀。水冷散热的效果不一定比风冷好，一个好的机箱风道配合好的散热才能有效降低CPU温度。对于用电一是好的供电，二是良好的接地，三是雷暴天气尽量关闭计算机，并且要拔下插座。

● 超频对CPU、内存、机箱散热、显卡都有影响。普通用户尽量保持硬件在稳定安全的范围内工作。超频发烧友一定要确保在良好的供电和散热条件下进行超频。

● 电源的好坏直接关系到系统的稳定，在选购时要以额定功率为准，而且一定要查看+12V所占的功率，因为CPU和显卡的外接电源主要由+12V供电，一般不能低于总功率的70%，否则也有虚标的嫌疑。

● 使用鼠标键盘时不要大力敲击，要有节奏、有控制地使用。

● 显示器一定不能用有腐蚀成分的清洁剂擦拭，最好用专用的清洁工具套装。

● 机械硬盘在使用时一定不要碰撞、移动，容易产生坏道。

● 计算机出现故障，遵循从软件到硬件的排查顺序，可以使用CPU、主板、内存的最小系统启动，再逐渐增加其他设备来排查硬件故障。

● 网络设备使用时，确保散热条件、保持环境清洁。

● 计算机出现故障后，记录当时的状态，最好请专业的人员来维修，如闻到异常气味，要立刻切断电源，万不可带电维修，或自己拆卸电源等有触电危险的设备。

14.2 计算机软件系统的管理

计算机的软件系统直接面向用户，也是最多变的，相对于硬件，更需要经常进行管理和维护。

14.2.1 计算机驱动的管理

计算机驱动的管理包括驱动的安装、备份和还原等。除了使用Windows Update自动下载和安装外，禁用了该功能的用户可以使用驱动精灵进行驱动的维护。

1. 使用驱动精灵安装驱动

安装了操作系统的计算机，首先要给各种硬件安装驱动才能使用。用户下载并安装驱动精灵后，启动该软件，在主页单击"立即检测"按钮，如图14-1所示，软件会自动检测系统中的硬件并弹出升级或安装提示。如果需要安装或者升级，单击"一键安装"按钮，如图14-2所示，驱动精灵会自动下载并启动对应的驱动安装程序。

图 14-1

图 14-2

2. 使用驱动精灵备份及还原驱动

安装后的驱动可以备份下来，在系统出现驱动问题后，执行驱动还原。

Step 01 单击硬件项的"已安装"下拉按钮，在弹出的列表中选择"备份"选项，如图14-3所示。

Step 02 在"备份"界面中勾选需要备份的项目，单击"一键备份"按钮，如图14-4所示。

图 14-3

图 14-4

Step 03 备份完成后，如果遇到驱动问题，可以启动驱动精灵，在硬件项目后单击"已安装"下拉按钮，在弹出的列表中选择"还原"选项，如图14-5所示。

Step 04 在"还原驱动"界面中选择需要还原的驱动，单击"一键还原"按钮，如图14-6所示，驱动精灵会自动还原驱动。

图 14-5

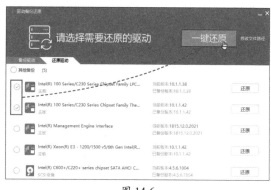

图 14-6

14.2.2　计算机硬盘的优化

计算机硬盘的优化指利用软件进行的优化，包括碎片整理和数据恢复。

1. 硬盘的碎片整理

在计算机中，文件被分散保存到磁盘分区的不同地方，而不是连续地保存在磁盘的簇中，其他如浏览器浏览网页时生成的临时文件也会在系统中形成大量的碎片。碎片整理的目的就是将这些不连续的文件连续地存储在硬盘上，增加硬盘的读取效率。定期进行磁盘的碎片清理，可以提升计算机硬盘的运行效率。

Step 01 进入"此电脑"界面,在需要碎片整理的分区上右击,在弹出的快捷菜单中选择"属性"选项,如图14-7所示。

Step 02 切换到"工具"选项卡,单击"优化"按钮,如图14-8所示。

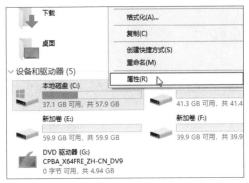

图 14-7

图 14-8

Step 03 选择"C:"盘,单击"分析"按钮,如图14-9所示。

Step 04 分析完毕后单击"优化"按钮,如图14-10所示。

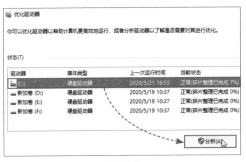

图 14-9

图 14-10

Step 05 软件开始碎片整理,完成后可以查看整理效果,如图14-11所示。

状态(T)			
驱动器	媒体类型	上一次运行时间	当前状态
🖫 (C:)	硬盘驱动器	2020/5/21 17:03	正常(碎片整理已完成 0%)
🖴 新加卷 (D:)	硬盘驱动器	2020/5/19 10:37	正常(碎片整理已完成 0%)
🖴 新加卷 (E:)	硬盘驱动器	2020/5/19 10:37	正常(碎片整理已完成 0%)
🖴 新加卷 (F:)	硬盘驱动器	2020/5/19 10:37	正常(碎片整理已完成 0%)

图 14-11

2. 硬盘的数据恢复

数据恢复是使用软件从硬盘上恢复已经删除或者损坏的文件,这里使用的是R-Studio。R-Studio是一个功能强大、节省成本的反删除和数据恢复软件,采用独特的数据恢复新技术,为恢复各种分区的文件提供广泛的数据恢复解决方案,可为用户挽回数据,减少数据丢失造成的损失。下面介绍恢复的步骤。

Step 01 启动软件,选择被删除的文件或文件夹所在的分区,单击"扫描"按钮,如图14-12所示。

Step 02 单击"已知文件类型"按钮，如图14-13所示。

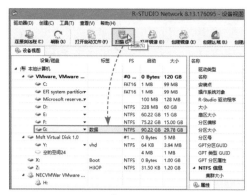
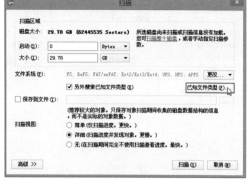

图 14-12   图 14-13

Step 03 勾选需要扫描的类型复选框，完成后单击"确定"按钮，如图14-14所示。

Step 04 保持其余选项为默认参数，单击"扫描"按钮，如图14-15所示。

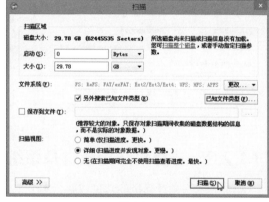

图 14-14   图 14-15

Step 05 扫描完毕后，选中扫描的"G："盘，单击"打开驱动文件"按钮，如图14-16所示。

Step 06 查看文件是否为删除的文件，如图14-17所示。

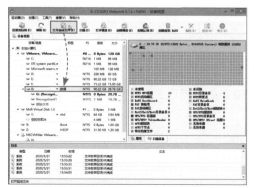

图 14-16   图 14-17

Step 07 确认无误后，选择文件，单击"恢复标记的"按钮，如图14-18所示。

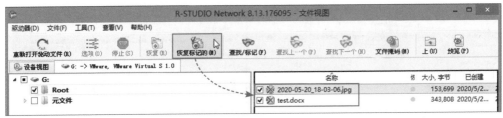

图 14-18

Step 08 在"恢复"对话框中选择恢复到的位置，单击"确认"按钮，如图14-19所示。完成后可以到指定目录中查看恢复的文件，如图14-20所示。

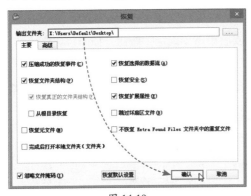

图 14-19

图 14-20

14.2.3 计算机防毒杀毒及系统管理

病毒和木马是计算机的常见威胁，本节主要介绍病毒和木马及防毒杀毒的知识。

1. 病毒与木马概述

计算机病毒是指编制或者在计算机程序中插入的破坏计算机功能或者数据，影响计算机使用并能自我复制的一组计算机指令或者程序代码。与病毒不同，木马不会破坏计算机，它会随着计算机启动联网而开始运行，并通知黑客打开端口。黑客利用木马程序，可以任意地修改计算机的参数设定、复制文件等，从而达到控制目标计算机及窃取财务的目的。

2. 计算机感染病毒和木马后的表现

计算机感染了病毒或木马后，有一些比较明显的表现形式。

● 显示器出现异常字符或画面。

● 文件长度莫名增加、减少或出现新文件。

● 可运行文件无法运行或丢失。

● 计算机系统无故进行磁盘读写或格式化。

- 系统出现异常重启或经常死机。
- 系统可用内存明显减小。
- 打印机等外部设备突然工作。
- 磁盘出现坏道或存储空间突然减小。
- 程序或数据突然消失或文件名不能辨认。

3. 常用安全软件的使用

现在的安全软件不仅可以做到查杀病毒，还能长期监控操作系统的状态并对文件实时扫描。下面介绍一款比较热门的安全软件——火绒的使用。该软件是一款杀防一体的安全软件，还能对计算机进行管理，分为个人版和企业版。

（1）计算机病毒、木马的查杀。

安全软件最主要的功能就是查杀病毒及木马，下面介绍具体的操作步骤。

Step 01 进入到火绒软件的主界面，单击"病毒查杀"按钮，如图14-21所示。

Step 02 在弹出的查杀模式单击"全盘查杀"按钮，如图14-22所示。

图 14-21　　　　　　　　　　　　　图 14-22

Step 03 软件会自动扫描当前磁盘的所有分区、目录及文件，同病毒库进行对比，也就是进行杀毒操作，如图14-23所示。

Step 04 完成后会弹出提示信息，单击"完成"按钮，如图14-24所示。

图 14-23

图 14-24

（2）访问控制的管理。

设置计算机可以联网的时间段、不允许访问的网站等，这些在火绒中都可以轻松实现。

Step 01 在主界面中单击"访问控制"按钮，如图14-25所示。

Step 02 在"访问控制"界面中单击"上网时段控制"开关按钮，单击"上网时段控制"按钮，如图14-26所示。

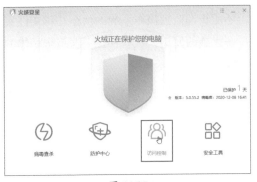

图 14-25　　　　　　　　　　　　　　　　图 14-26

Step 03 在"上网时段控制"界面填充阻止上网的时间，如图14-27所示。

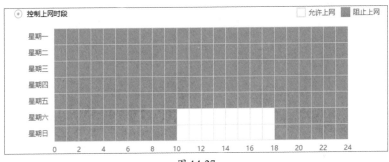

图 14-27

Step 04 关闭页面，返回"访问控制"主界面，启动"网站内容控制"按钮并打开该链接，如图14-28所示。

图 14-28

Step 05 在网站内容控制中，打开不允许访问的网站类型控制开关按钮，单击"添加网站"按钮，如图14-29所示。

Step 06 输入该类型的名称及不允许访问的网站地址，单击"保存"按钮，如图14-30所示。

图 14-29

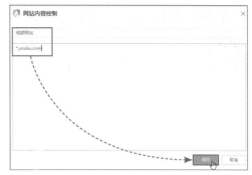

图 14-30

火绒的其他常用工具

在火绒的主界面中单击"安全工具"按钮,如图14-31所示,打开"安全工具"界面,如图14-32所示。

图 14-31

图 14-32

在该界面中有很多实用工具,如扫描修复漏洞、弹窗拦截、垃圾清理、启动项清理等。单击对应的按钮后,会下载并启动这些独立的小工具,用来维护或优化系统,例如在"弹窗拦截"工具中可以设置关闭软件的弹窗,如图14-33所示,在"垃圾清理"工具中可以扫描并清理发现的垃圾文件,如图14-34所示。

图 14-33

图 14-34

动手练 禁止程序启动

在火绒软件中还可以设置禁止程序启动运行的功能，可以有效地控制小朋友玩游戏、上网等，下面介绍具体的设置步骤。

Step 01 在火绒软件主界面中单击"访问控制"按钮，如图14-35所示。

Step 02 在"访问控制"界面中单击"启动"按钮启动功能，单击"程序执行控制"，如图14-36所示。

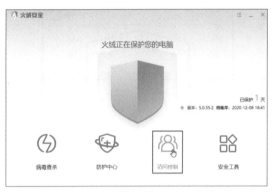

图 14-35

图 14-36

Step 03 在"程序执行控制"界面中可以禁用某些类型程序，如单击"单机游戏"控制按钮禁止单机游戏启动。单击"添加程序"按钮手动添加一个禁止启动的程序，如图14-37所示。

Step 04 在程序列表中选择禁止启动的程序，如QQ浏览器，单击"保存"按钮，如图14-38所示。

图 14-37

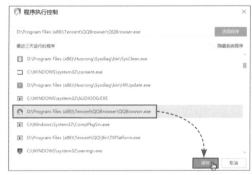

图 14-38

Step 05 返回"程序执行控制"界面，可以看到QQ浏览器已经添加到最下方，当前是禁用的状态，如图14-39所示。

Step 06 双击QQ浏览器图标启动该软件时，火绒会弹出信息提示该软件已经被禁用，如图14-40所示。

计算机组装与维护标准教程（全彩微课版）

图 14-39

图 14-40

14.3 操作系统的优化技巧

操作系统是直接面向用户的，操作系统优化的目的是让系统保持一个良好的状态，一方面反应速度要快，如开机、运行程序等；另一方面要方便用户操作，满足用户的使用习惯。

▍14.3.1 系统垃圾的清理

Windows在运行中会产生很多临时文件和垃圾文件，一般使用第三方管理软件清理。其实Windows自带垃圾清理软件，可以快速清理常见的各种垃圾文件。

Step 01 使用"Win+I"组合键进入"Windows 设置"界面，单击"系统"按钮，如图14-41所示。

图 14-41

Step 02 在"系统"界面中选择"存储"选项并单击"临时文件"按钮，如图14-42所示。

图 14-42

Step 03 在弹出的界面中勾选需要清理的垃圾文件分类，单击"删除文件"按钮，如图14-43所示。

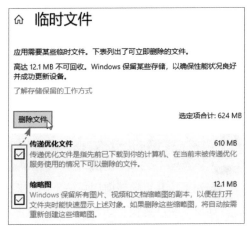

图 14-43

动手练 配置存储感知

存储感知会自动侦测系统中的磁盘空间，当磁盘空间不足时会自动运行并自动清理文件。下面介绍配置存储感知的步骤。

Step 01 进入到"存储"设置界面，单击"配置存储感知或立即运行"按钮，如图14-44所示。

Step 02 将存储感知开关设置为"开"启动存储感知，设置存储感知运行时间及临时文件的保存时间，如图14-45所示。

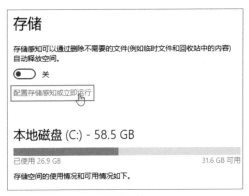

图 14-44

图 14-45

14.3.2 设置默认应用

可以设置的系统常用的默认应用包括电子邮件、地图、音乐播放器、图片查看器、视频播放器、Web浏览器等，用户需要先安装这些应用软件。

Step 01 使用Win+I组合键启动"Windows设置"界面，单击"应用"按钮，如图14-46所示。

Step 02 选择左侧的"默认应用"选项，可以查看当前系统的默认应用状态，如图14-47所示。

图 14-46

图 14-47

Step 03 如果要更换默认应用，如将浏览器设置成"QQ浏览器"，则单击"Web浏览器"下的"Microsoft Edge"按钮，在弹出的列表中选择"QQ浏览器"选项，如图14-48所示。

Step 04 系统弹出确认提示，单击"仍然切换"按钮，如图14-49所示。

图 14-48

图 14-49

14.3.3 禁用自启动软件

有些软件会随着计算机启动自动运行，不仅占用系统资源，还会拖慢系统开机速度，可以通过系统自带的管理功能禁止软件的自动运行，下面介绍具体步骤。

Step 01 使用Win+I组合键启动"Windows 设置"界面，单击"应用"按钮，如图14-50所示。

Step 02 在"设置"界面选择左侧的"启动"选项，如图14-51所示。

图 14-50

图 14-51

Step 03 在列表中找到需要关闭开机时启动的应用，单击"开"按钮，如图14-52所示，关闭后如图14-53所示。

图 14-52

图 14-53

14.3.4　设置权限和隐私

在Windows中，有一些涉及隐私和权限的设置，用户可以打开或关闭一些功能来保护隐私。下面介绍设置Windows及应用的权限。

1. 设置 Windows 权限

Windows权限和隐私是一并设置的，下面介绍具体的设置步骤。

Step 01 使用Win+I组合键打开"Windows 设置"界面，单击"隐私"按钮，如图14-54所示。

Step 02 在左侧的"Windows 权限"选项组中选择"常规"选项，在右侧单击广告ID的"开"按钮来禁用广告ID，如图14-55所示。

图 14-54

图 14-55

Step 03 在"诊断和反馈"界面单击"必须诊断数据"单选按钮，如图14-56所示。

Step 04 在"活动历史记录"界面取消勾选"在此设备上存储我的历史记录"和"向
Microsoft发送我的活动历史记录"复选框，如图14-57所示。

图 14-56

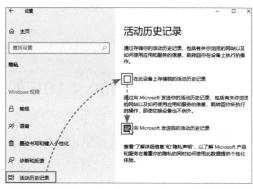

图 14-57

2. 设置应用权限

除了Windows系统的一些权限外，应用软件权限也是隐私的一部分，应用权限的设
置与手机给每个APP设置权限类似，下面介绍具体的设置步骤。

Step 01 在"隐私"设置界面选择左侧的"位置"选项，在右侧可以关闭位置功
能，如图14-58所示，或者设置可以获取位置信息的应用，如图14-59所示。

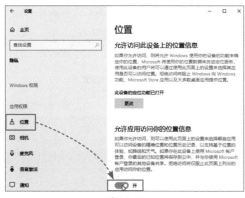

图 14-58

图 14-59

Step 02 在"相机"界面可以设置是否可以访问相机及哪些应用可以访问，如图14-60所示。

Step 03 在"联系人"界面可以设置是否能访问联系人及哪些应用可以访问联系人，如图14-61所示。

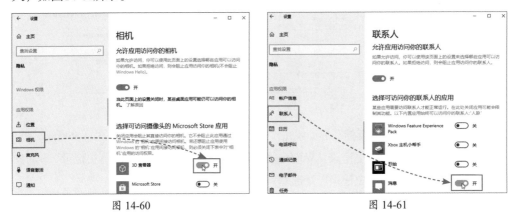

图 14-60   图 14-61

其他应用的设置也类似，通过这些设置可以提高Windows系统的安全性。

动手练 打开Windows 10中的游戏模式

扫码看视频

Windows 10中的游戏模式可以优化用户的游戏体验。当运行一款游戏时，游戏模式将阻止Windows更新、执行驱动程序安装、发送重启通知，还能根据具体的游戏和系统帮助用户实现更稳定的帧速率，下面介绍开启游戏模式的方法。

Step 01 使用Win+I组合键打开"Windows 设置"界面，单击"游戏"按钮，如图14-62所示。

Step 02 切换到"游戏模式"界面，默认"游戏模式"是关闭的，单击"关"按钮，启动游戏模式，如图14-63所示。

图 14-62

图 14-63

知识延伸：修改系统文件夹默认位置

在正常情况下，系统会有很多默认的文件夹，如"视频""图片""文档""应用""音乐""地图"。默认在C盘，用户可以将这些文件夹的默认存储位置改到其他盘，减少C盘的占用。

Step 01 使用Win+I组合键打开"Windows 设置"界面，单击"系统"按钮，如图14-64所示。

图 14-64

Step 02 选择左侧的"存储"选项，如图14-65所示。

图 14-65

Step 03 在"更多存储设置"选项组中单击"更改新内容的保存位置"按钮，如图14-66所示。

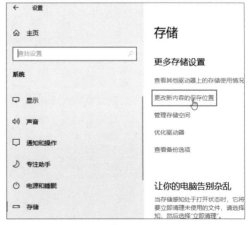

图 14-66

Step 04 默认情况下，软件都是保存到C盘，用户可以单击"本地磁盘（C:）"下拉按钮，在弹出的列表中选择"新加卷（D:）"选项，如图14-67所示。

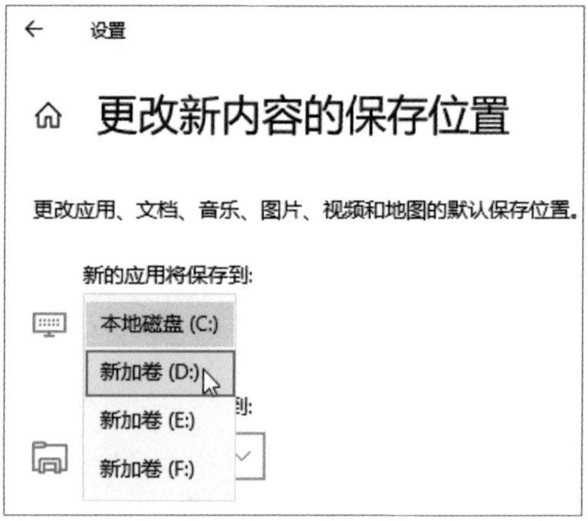

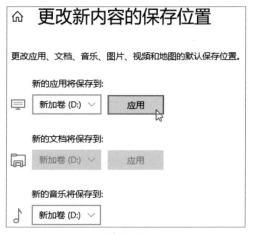

图 14-67

Step 05 单击"应用"按钮确定选择，如图14-68所示。按照该方法可以将其他文件的默认位置调整到其他盘。

图 14-68

Step 06 用户以后再安装软件时，默认路径就显示到了D盘，如图14-69所示。

迅雷，不止于快

开始安装

d:\Program Files (x86)\Thunder N

图 14-69